高等学校测绘工程系列教材

地震学实习教程

主编：朱良保

编委：朱良保　张朝玉　张双喜　汪海宏

武汉大学出版社

图书在版编目(CIP)数据

地震学实习教程/朱良保主编.—武汉:武汉大学出版社,2010.4
高等学校测绘工程系列教材
ISBN 978-7-307-07173-5

Ⅰ.地… Ⅱ.朱… Ⅲ.地震学—高等学校—教材 Ⅳ.P315

中国版本图书馆 CIP 数据核字(2009)第 104076 号

责任编辑:黄汉平　　　责任校对:黄添生　　　版式设计:詹锦玲

出版发行:**武汉大学出版社**　(430072　武昌　珞珈山)
（电子邮件:cbs22@whu.edu.cn 网址:www.wdp.com.cn）
印刷:通山金地印务有限公司
开本:787×1092　1/16　印张:13.25　字数:320 千字
版次:2010 年 4 月第 1 版　　2010 年 4 月第 1 次印刷
ISBN 978-7-307-07173-5/P·154　　定价:22.00 元

版权所有,不得翻印;凡购买我社的图书,如有缺页、倒页、脱页等质量问题,请与当地图书销售部门联系调换。

内 容 提 要

本书为高等学校固体地球物理专业地震学实习教材。全书共分 5 章，第 1 章简要介绍 IRIS 地震数据系统及中国地震台网；第 2 章介绍地震数据的基本格式；第 3 章介绍地震数据处理软件 SAC2000 及其常用命令的用法；第 4 章是本书的重点，系统地介绍地震数据分析及地震图解释；第 5 章简要介绍 UNIX/Linux 操作系统的基本知识及常用命令。

前　言

地震学建立在物理学及地震观测数据的基础之上。多年的教学体验，使我们感受到急需编写一本地震学实习教材，建立相对规范的实习内容，有步骤、有针对性地指导学生进行实习。地震观测数据的获得及初步处理、基本震相的识别与分析、利用地震数据进行地震定位、基本震相与地球内部结构的关联性等应该是地震学实习的最基本内容。基于这样的指导思想，本书的第一章介绍全球最大的地震数据中心 IRIS (Incorporated Research Institutions for Seismology)，简要说明 IRIS 数据的基本结构与类型，以及如何获得数据等。通过网上实习，使学生熟悉 IRIS，根据不同的需要获得 IRIS 地震数据。在第 1 章中还简要介绍了中国地震台网。第 2 章介绍了目前全球大多数地震数据的记录格式及数据格式间的转换程序。在获得所需的数据后，需要对数据进行基本的处理，比如滤波、坐标变换、数据显示、去除地震仪器的响应等。所以，我们编写了第 3 章，介绍地震学中的著名数据处理软件 SAC2000。通过这一章的实习，使学生初步掌握 SAC2000 的基本用法，学会地震数据处理的基本技能。第 4 章是本实习教材的核心内容，地震数据分析与地震图解释，全面介绍了常规地震图分析的判据与参数、数字地震图的常规信号处理、常规分析软件及地震图分析举例。地震学的主要任务是如何破译与解释地震数据中的信息，从而获得地球内部结构的框架与细节，以及对震源的物理过程进行分析与判读。虽然在本科学习期间，不可能要求学生全面掌握地震图分析的技能，但可以通过实习使学生把书本上学到的理论知识初步运用到数据实践上，提高学生学习地震学的兴趣，为今后的学习和工作打下良好的基础。由于目前地震学中所用的大部分分析软件都基于 Unix 或 Linux 系统，所以我们在第 5 章介绍了 Unix 与 Linux 操作系统的基本知识及常用命令，通过这一章的实习，使学生们在大学本科期间初步掌握这两种或其中一种操作系统的基本操作及常用命令的用法，为今后进一步的学习与操作打下基础。

本书的第 1 章由张双喜编写，第 2 章由汪海宏编写，第 3 章与第 5 章由张朝玉编写，第 4 章由朱良保编写。全书内容的编写基于网络的公开信息或已经发表的论文及书籍。我们对相关内容作了相应的修改及重新编写。在此对本书中相关内容的著述者们表示感谢。

本书是我们编写的第一版地震学实习教材，由于时间仓促，其内容不可能全面。我们希望能抛砖引玉，接受多方面的意见和指导，逐步完善，使地震学的理论教学与实践的结合更加完美。

目 录

第1章 IRIS 系统及中国地震台网简介 1
§1.1 IRIS 简介 1
§1.2 IRIS 数据源 2
1.2.1 常设台网主要是三大常设台网 2
1.2.2 临时台网和实验数据 3
§1.3 IRIS DMC 数据中心的数据类型 3
1.3.1 波形数据 3
1.3.2 地震事件数据 4
§1.4 IRIS 的数据访问请求工具 5
§1.5 IRIS 数据下载实例 6
1.5.1 基于网页交互的 IRIS 数据申请（WILBERII） 6
1.5.2 用 JWEED 申请 IRIS 数据 9
1.5.3 用 VASE 请求 IRIS 数据实例 14
§1.6 中国地震台网 18
§1.7 中国数字地震台网数据管理与服务 20
§1.8 中国数字地震台网数据处理软件 21
1.8.1 数据处理软件 21
1.8.2 数据类型 22

第2章 地震数据的基本格式 25
§2.1 数字波形数据 25
2.1.1 参数格式 25
2.1.2 数字波形数据 28
§2.2 常用数据格式 30
§2.3 格式转换 34

第3章 地震分析软件 SAC2000 37
§3.1 SAC2000 简介 37
§3.2 SAC2000 新用户指南 38
3.2.1 SAC2000 起步 38
3.2.2 SAC 数据文件 39
3.2.3 数据文件的读和写 40
3.2.4 结果显示 41

    3.2.5 其他功能 ··· 42
  §3.3 SAC2000 的分析功能 ·· 43
    3.3.1 执行功能模块 ··· 43
    3.3.2 数据文件模块 ··· 43
    3.3.3 谱分析模块 ··· 44
    3.3.4 一元运算模块 ··· 44
    3.3.5 二元运算模块 ··· 44
    3.3.6 信号校正模块 ··· 44
    3.3.7 事件分析模块 ··· 45
    3.3.8 信号测量模块 ··· 45
    3.3.9 仪器校正模块 ··· 45
    3.3.10 三维数据处理模块 ··· 45
    3.3.11 频-波谱分析模块 ·· 45
    3.3.12 子过程 ··· 45
  §3.4 SAC2000 的绘图功能 ·· 46
    3.4.1 图形设备 ··· 46
    3.4.2 图形控制模块 ··· 47
    3.4.3 图形绘制模块 ··· 47
    3.4.4 图形环境模块 ··· 47
  §3.5 SAC2000 宏命令 ·· 48
    3.5.1 宏的参数 ··· 48
    3.5.2 暂存块变量和头段变量 ··· 50
    3.5.3 宏的嵌套、暂停与恢复 ··· 51
    3.5.4 条件语句和循环语句 ··· 51
    3.5.5 宏搜索路径 ··· 53
  §3.6 内嵌函数 ··· 53
    3.6.1 内部算术函数 ··· 53
    3.6.2 常规算术运算函数 ··· 54
    3.6.3 字符串函数 ··· 56
  §3.7 SAC 数据文件格式 ··· 57
    3.7.1 二进制格式 ··· 57
    3.7.2 字母数字码格式 ··· 59
    3.7.3 头段变量的含义 ··· 61
  附 SAC2000 命令一览 ·· 66
    2.1 命令功能表 ··· 66
    2.2 字母顺序表 ··· 68

第4章 数据分析与地震图解释 ·· 74
  §4.1 引言 ··· 74
  §4.2 常规地震图分析的判据与参数 ·· 78

- 4.2.1 记录持续时间和频散 …… 78
- 4.2.2 关键的参数：初动时间、振幅、周期和极性 …… 78
- 4.2.3 先进的数字记录波列参数报告 …… 81
- 4.2.4 用于震相识别的判据 …… 82
- 4.2.5 用于事件识别与区分的判据 …… 93
- 4.2.6 通过单台三分向记录进行快速事件识别与定位 …… 100
- 4.2.7 震级测定 …… 105
- 4.2.8 通过台网和台阵记录进行震源定位 …… 105

§4.3 数字地震图的常规信号处理 …… 106
- 4.3.1 信号侦测 …… 106
- 4.3.2 信号滤波、模拟与复原 …… 107
- 4.3.3 台网和台阵的信号相干 …… 117
- 4.3.4 f-k 和速度谱分析图 …… 117
- 4.3.5 波束生成 …… 121
- 4.3.6 偏振分析 …… 122

§4.4 常规分析软件 …… 123
- 4.4.1 SHM …… 123
- 4.4.2 SEISAN …… 125
- 4.4.3 PITSA …… 125
- 4.4.4 GIANT …… 125
- 4.4.5 其他软件和 ORFEUS 软件连接 …… 125

§4.5 地震图分析举例 …… 125
- 4.5.1 近震（$0°<D<13°$）…… 126
- 4.5.2 远震（$13°<D<180°$）…… 134
- 4.5.3 迟到的地核震相 …… 151
- 4.5.4 关于远震事件分析的最后讨论 …… 159

第5章 UNIX/Linux 系统基础 …… 161

§5.1 UNIX/Linux 系统常用操作命令 …… 161

§5.2 vi/vim 编辑器使用 …… 170
- 5.2.1 vi 的启动、退出和保存 …… 170
- 5.2.2 定位光标 …… 171
- 5.2.3 文本的编辑 …… 172
- 5.2.4 拷贝、剪切和粘贴 …… 173
- 5.2.5 查找 …… 174
- 5.2.6 设置 vi 环境 …… 174

§5.3 程序编译 …… 176
- 5.3.1 C 程序的编译和连接 …… 176
- 5.3.2 创建函数库 …… 178
- 5.3.3 利用 make 和 Makefile 自动编译 …… 178

附录1 全球地震台网（GSN）分布图 …………………………………………… 184
附录2 大陆岩石圈地震台阵网（PASSCAL）常用仪器 ………………………… 188
附录3 全球地震台网（GSN）台站名称代码（根据台站循序）………………… 190
主要参考文献 ……………………………………………………………………… 198

第 1 章 IRIS 系统及中国地震台网简介[①]

§1.1 IRIS 简介

IRIS 是美国地震学研究联合会（Incorporated Research Institutions for Seismology）的简称。IRIS 成立于 1984 年，是由 100 多所美国大学组成的联合机构，其成员涵盖于教育部门、美国国内的相关机构及国际相关机构，是第一个提供全球连续地震数据日常存取服务的非赢利研究组织，总部设在 Washington，DC。该组织通过全球永久性地震台网系统收集地震数据，并致力于地震问题的学术研究、公众教育和地震减灾。

IRIS 利用网络工作站处理从世界各地收集到的大量地震实时数据。通过这个网络，科学家们可分享这些数据，应用于各种研究计划。IRIS 的数据主要来自于全球地震台网（Global Seismographic Network，GSN，图 1-1 所示）和大陆岩石圈地震台阵网（Program for Array Seismic Studies of the Continental Lithosphere，PASSCAL，图 1-2 所示）。IRIS 的海量地震数据远远超出了所有 IRIS 大学的计算机能力，为了解决数据管理问题，IRIS 于 1986 年在美国西雅图组建了数据管理中心（IRIS DMC，Data Management Center），以提供数据管理，如数据处理、成员共享等。

数据管理中心（DMC）是 IRIS 数据管理系统的主要组成部分，是全球最大的地震数据服务机构，向全球的研究人员提供全球地震台网（GSN）、宽频带数字地震台网联盟（FDSN）、美国及其他国家的区域台网、地震台阵等实验类数据的数据服务。同时也为全世界提供了数据资源及地震数据服务。其地震数据种类多、服务工具丰富，是广大地球物理界最受关注的数据中心。

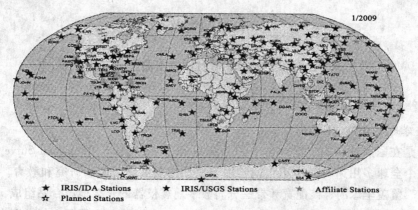

图 1-1 GSN 及 FDSN 地震台网示意图（引自 IRIS 网站 http://www.iris.edu/about/GSN）

[①] 本章内容主要编译、综合或摘自于 IRIS 网站、CENC 网站及参考文献。除非需要，大部分内容介绍不再注明文献来源。

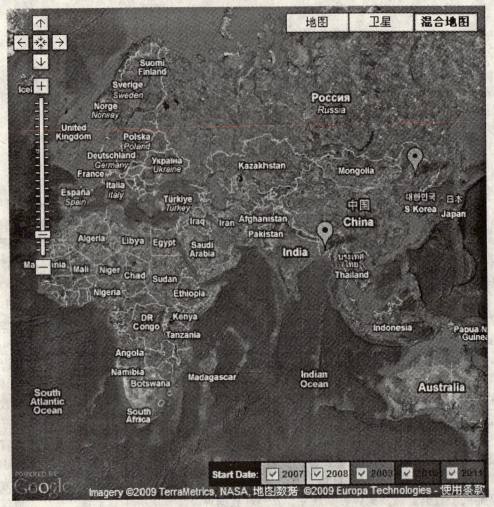

图 1-2 PASSCAL 实验站发布（引自 www.iris.edu）

§1.2 IRIS 数据源

IRIS DMC 的数据来源于常设台网和临时台网及实验数据三个方面。

1.2.1 常设台网主要是三大常设台网

1. 全球地震台网（GSN）

GSN 是在国际社会的广泛合作下，由 IRIS 和 USGS（U.S. Geological Survey）建立并运行的一个全球多用途科学应用台网，用于地球的观测、监测、研究和教育。GSN 由均匀布设的、覆盖全球的、装配宽频带三分向数字地震仪器的永久地震台站组成，这些台站主要由 IDA（International Deployment of Accelerometers）和 USGS 管理运行，还有少量台站由大学管理运行。现有 150 多个 DMS 控制的台站，进行实时数据传输和访问。随着美国国内及国际上会员台站或台阵数量的不断增加，GSN 的规模也在不断扩展。

2. 宽频带数字地震台网联盟（FDSN，International Federation of Digital Seismograph

Networks)

FDSN 是一个全球组织,它的成员是由在美国本土或在全球范围负责安装和维护宽频带地震仪的小组构成。FDSN 的目标是使其台站在空间上有合理的分布。FDSN 致力于帮助全球的科学家推进地球科学,特别是全球地震活动性的研究。全球有 52 个国家 65 家研究所、23 个台网、679 个台站加盟。GSN 及 FDSN 地震台网的台站分布见图 1-1。

3. 区域台网

包括阿拉斯加区域台网等 16 个美国的区域台网,土库曼斯坦区域台网等 5 个非美国的区域台网向 DMC 提供数据。

1.2.2 临时台网和实验数据

1. 大陆岩石圈地震台阵研究计划 PASSCAL（Program for the Array Seismic Studies of the Continental Lithosphere）

PASSCAL 为地震研究团体提供了现代化的便携式仪器和先进的数据管理工具,在全球范围内支持地震实验。PASSCAL 是 IRIS 四个主要的数据来源中的一个,管理着 1000 多套便携式地震仪。PASSCAL 可以作为地震研究团体的资源运作,相当于一个"可以借用的仪器库",同时也提供技术支持和用户培训。从 1984 年到现在,PASSCAL 支持的实验超过 500 次,带来了很多关于地球的新发现。

2. 其他临时数据源

有美国地质调查局（USGS）、英国地震装备公司（SEIS-UK）、美国国家海底地震仪器池（OBSIP）和其他学术研究机构提供的数据。

IRIS DMC 每年的数据来源于各台网,随着台站数量的不断增加,GSN 和美国区域台网每年向 IRIS DMC 提供的数据量越来越大。PASSCAL 支持的地震实验越来越多,每年向 IRIS DMC 提供的数据量也在不断增加。

§1.3 IRIS DMC 数据中心的数据类型

1.3.1 波形数据

DMC 的大多数波形数据都是宽频带台站记录到的天然地震事件数据。一些台站连续地记录,一些是事件触发的时候才记录,它包括被动源数据（Passive Source）和主动源数据（Active Source）,被动源就是天然地震,主动源是指人工爆破。大多数天然地震数据来自永久地震台站,并且数据是 SEED 格式（SEED exchange format）。但也有一些数据来自临时台站,除了 SEED 的数据格式,还有 SEG-Y,SAC,AH 等其他格式。

1. 连续波形数据

有 2 种形式的连续波形数据。

（1）BUD（Buffer of Uniform Data）形式,是准实时的,没有进行质量控制,是部分数据集。一些波形数据通过在线缓冲区,准实时地传输到 DMC。在 BUD 中的数据,是连续的 miniSEED 格式数据,BUD 数据对于那些对准实时数据感兴趣的人很有用。

（2）存档（Archived Data）数据,有延时,进行质量控制,是全部数据集。用户可以定制这些存档的数据,DMC 有几十个 TB（terabytes）的这种波形数据,允许申请人请求使用这些数据。

2. 事件波形数据

事件波形数据有 2 种形式。

(1) SPYDER (System to Provide You Data from Earthquakes Rapidly) 数据,准实时,没有进行质量控制,只是部分数据集。SPYDER 1 数据是地震发生后在很短的时间内做出的数据产品,数据没有经过检测,不知道质量如何。这种数据有好几个数据源,部分来自 BUD 系统,还有的来自分布在世界各地的 autoDRMs 和台站以拨号方式传输来的数据。SPYDER 1 数据可以通过 WILBER Ⅱ 界面访问。

(2) FARM (Fast Archive Recovery Method) 数据,有延时,进行质量控制,全部数据集。DMC 认识到这样一个事实,即人们最感兴趣、使用最频繁的数据是那些大的地震事件波形数据,关注的是那些 MW>5.5 的事件。因此,DMC 在日常工作中预先收集整理震级大于 5.7 的事件波形数据(如果深度超过 100km,震级降到 5.5)。这些经过整理的数据就叫 FARM 产品,包括从遍布世界的台站和不同台网收集来的数据。FARM 数据产品在事件发生最短 6 个星期,最长 3 个月后可以得到,可以很容易地通过 WILBER Ⅱ 界面访问。

3. 汇集类数据 (Assembled Data)

DMC 分发几个预先汇集的数据集,这些数据集来自不同项目的非 SEED 格式数据。如果不是 SEED 格式(除了 FARM 数据),也不能用标准的 SEED 数据请求方法来访问,这样一个数据集被称为"汇集类数据"。一些汇集的数据集能拆分成小的数据集,但是,大多数是作为一个完整的包提供的。汇集类数据的来源包括:

(1) PASSCAL。这些数据产品是由便携式地震仪记录的人工源反射数据、人工源折射数据及记录的天然地震数据组成的。有多种数据格式。

(2) 其他源。其他源是除 GSN 和 PASSCAL 之外的数据源,包括 SEIS-UK、OBSIP、SISMOB-FR 等。

1.3.2 地震事件数据

地震事件数据有如下几种:

(1) NEICALRT。这是 USGS NEIS (National Earthquake Information Service) 通过 Email 分发的。这些事件目录并不是首选的目录,因为它们是冗余的,不包括 FINGER(见下文)来的所有目录。

(2) FINGER。这是 USGS NEIS 通过 "finger quake@ gldfs. cr. usgs. gov" 服务分发的事件目录。事件列表经过分析人员检查,包括最近 7 天的目录。

(3) QED (Quick Epicenter Determinations)。这是 USGS NEIS 在事件发生 7 天后发布的目录。这些目录是初步的目录,用更多的数据重新定位后,要进行修正。

(4) WHDF (Weekly Hypocenter Data File)。这是 USGS NEIS 分发的事件发生几个星期后的定位结果。此 PDE (Preliminary Determinations of Epicenters) 数据将会被下面的 MHDF 发布的 PDE 替换。

(5) MHDF (Monthly Hypocenter Data File)。这是 USGS NEIS 分发的,是 USGS NEIS 所做的对震源和震级最完整的计算结果。通常是事件发生后 4 个月发布。但是,此目录也被称为是 "初级 (Preliminary Determinations of Epicenters)" 的,这是因为最终的结果要看

ISC（International Seismological Center）发布的结果，一般在事件发生 2 年后发布。

（6）ISCCD（limited availability）。是事件发生 2 年后，ISC 发布的事件的最终结果。

§1.4　IRIS 的数据访问请求工具

在 DMC 数据服务网站上，可以方便地浏览、查询和下载需要的数据。数据表现形式多样，图表、图形等美观大方。除此之外，DMC 还提供了丰富的数据请求工具，供研究人员下载使用地震数据。IRIS DMC 数据库及访问方式示于图 1-3。这些工具主要分为 3 大类，即基于客户端、浏览器和波形库的方法。

1. 基于客户端（DHI Clients）的数据下载工具

常用的工具有：JWEED，SOD，VASE 等。

2. 基于浏览服务器（DHI Servers）的数据下载工具

常用的服务器有：

IRIS_DataCenter

IRIS_BudDataCenter

IRIS_PondDataCenter

IRIS_ArchiveDataCenter 等。

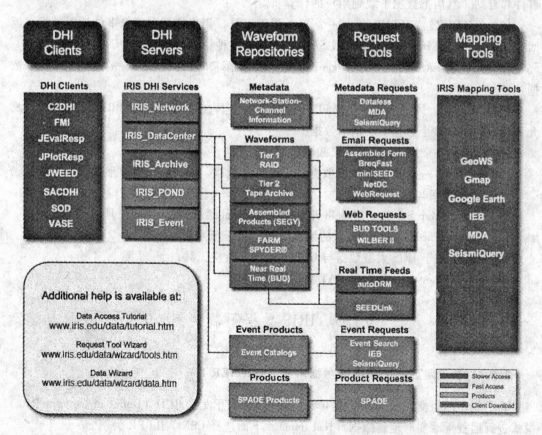

图 1-3　IRIS DMC 数据库及访问方式示意图（引自 IRIS 网站 http://www.iris.edu/about/DMC）

3. 基于波形库（Waveform Repositories）的数据下载工具

常用的工具有：

Tier 1 RAID；

Tier 2 Tape Archive 等。

4. 部分常用的数据访问工具介绍

（1）AutoDRM。一个针对 IMS1.0 格式的工具。

（2）BUD Interface。一个 Web 界面或 TCP/IP 协议的工具，用来搜索和请求准实时数据，返回 miniSEED 格式。此工具可以用来查看波形，检查数据延时、连续性等。

（3）VASE。一个基于 java 的客户端，用来查看和截取波形。

（4）SeismiQuery。一个高级的 Web 界面工具，提供了很多查询选项，用来查询存储数据的 Oracle 数据库，可以得到时间序列信息和元数据信息（如仪器响应）。输出结果有文本和图形两种方式。

（5）WebRequest。一个 Web 界面工具，用来直接给 DMC 提交 BREQ_FAST 格式的数据请求，不查询数据库。用户必须知道他们请求什么数据。

（6）WEED。一个运行在 Unix 下的 X-Windows 工具，用来请求事件数据。还可以用来从 SEED 卷中截取一段数据。

（7）JWEED。WEED 的升级版，一个与平台无关的数据请求工具。可以使用户选择事件和台站，然后把数据下载到用户的计算机。

（8）WILBER、WILBER II。一个 Web 界面工具，用来搜索和请求事件波形数据，返回 SEED、miniSEED、SAC binary 或 SAC ASC II 等多种格式的数据文件。

（9）BREQ_FAST。一个用 E-mail 来发送数据请求的工具，请求一段连续的波形数据。

（10）NetDC。另一个基于 E-mail 的数据请求工具，请求格式和 BREQ_FAST 相似，允许用户一次从多个数据中心请求数据。

（11）SOD。一个用于数据请求截取和处理的工具。

（12）SOSA。一个基于 java 的数据请求工具，截取、分析、比对波形数据。

5. 常用的绘图工具介绍

（1）Google Map Service。Google 开发的用于 Oracle 数据库的绘图工具；

（2）Google Earth。Google 开发的绘图工具，用于产生 KML 文件；

（3）IEB。用于 IRIS 大型数据与 Google 绘图的转换工具；

（4）SeismiQuery。一种新的 CAT 数据绘图工具。

§1.5　IRIS 数据下载实例

1.5.1　基于网页交互的 IRIS 数据申请（WILBER II）

为了便于网页交互的 IRIS 数据申请，IRIS DMC 开发了 BUD（Buffer of Uniform Data）模式进行远程下载实时地震数据（real time），下面选择 CSN WILBER 为例。

（1）选择所有的地震事件：

The map below displays the most recent 90 events or the selected quarter in the ORFEUS **POND** data repository.

Click on the map to display a listing of events within the selection radius OR list all events.

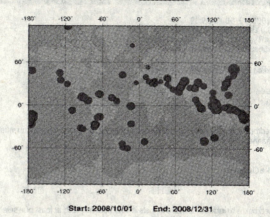

Start: 2008/10/01   End: 2008/12/31

（2）选择特定的地震事件后，出现画面：

back to map   help

Events within 5° distance of selected Lat: -53.50° Lon: 107.47° for Q4 2008

```
DATE        TIME      MAG  LAT    LON    DEPTH  DESCRIPTION
2008-12-08  18:39:09  6.4  -53.0  106.9  10.0   Southeast Indian Ridge
Total of 1 distinct events
```

Please select an event in the list to:

- view detailed information
- generate requests for data from that event.

back to list   help

Event: 2008-12-08 18:39:09
Lat: -53.0 Lon: 106.9 Depth: 10.0
Mag: 6.4 Type: Mw Origin Author: NEIC-BQ
Description: Southeast Indian Ridge

List of responding networks

☐ SELECT ALL	
☐ AI Antarctic Seismographic Argentinean Italian N	4 stations respondir
☐ BE Belgian Seismic Network	2 stations respondir
☐ BN UK-Net, Blacknest Array	3 stations respondir
☐ BS National Network of Bulgaria	2 stations respondir
☐ BW BayernNetz, Germany	2 stations respondir
☐ CA Catalan Seismic Network	2 stations respondir
☐ CH Switzerland Seismological Network	24 stations respondir
☐ CZ Czech Seismic Network	10 stations respondir
☐ DK Danish Seismological Network	3 stations respondir
☐ ES SPANISH DIGITAL SEISMIC NETWORK	3 stations respondir
☐ FN Northen Finland Seismological Network	1 stations respondir
☐ FR French Broadband Seismological Network	15 stations respondir
☐ G GEOSCOPE	4 stations respondir
☐ GB Great Britain Seismograph Network	9 stations respondir
☐ GE GEOFON	30 stations respondir
☐ GR German Regional Seismic Network	13 stations respondir
☐ HE Finnish National Seismic Network (HEL)	6 stations respondir
☐ HL National Observatory of Athens Digital Broadb	1 stations respondir
☐ HP University of Patras, Seismological Laborator	1 stations respondir
☐ HT Aristotle University of Thessaloniki Seismolo	12 stations respondir
☐ HU Hungarian Seismological Network	3 stations respondir
☐ II IRIS/IDA Network	4 stations respondir
☐ IU IRIS/USGS Network	4 stations respondir
☐ KO KANDILLI OBSERVATORY	10 stations respondir
☐ MN MEDNET	13 stations respondir

（3）选择台网后，出现画面：

> **ORFEUS WILBER II**
>
> back to networks   help
>
> Event: 2008-12-08 18:39:09
> Lat: -53.0 Lon: 106.9 Depth: 10.0
> Mag: 6.4 Type: Mw Origin Author: NEIC-BQ
> Description: Southeast Indian Ridge
>
> **Responding Stations, sorted by** Distance   Map of Responding Stations
> ☑ ALL   ☐ SMAI.AI   ☐ ESPZ.AI   ☐ JUBA.AI   ☐ ORCD.AI
> (distance/azimuth) (59°/-177°)   (63°/-171°)   (64°/-172°)   (64°/-164°)
> ☐ ALL AI
>
> Click checkboxes to include stations in your data request, at least one selection must be made. Click station names to view seismograms and verify channel availability.
>
> **Available Channels**
> ☐ ALL   ☐ ??E   ☐ ??N   ☐ ??Z
> ☐ B??   ☐ BHE   ☐ BHN   ☑ BHZ
>
> Click checkboxes to include desired channels in your data request, at least one selection must be made. Important: wildcards here only only apply to channels for the station(s) selected above.
>
> **Available Data Formats**   **Available Phases**   **Time Window Data**   **Personal Information**
> SEED (default)   P(default)   2 (default)
> miniSEED   S   3   Shawn Zhang   User Name (required)
> SAC BINARY individual files   SZX   Request Label (required)
> SAC BINARY tar file   minutes before selected phase
> SAC BINARY gzipped tar file   and   shxzhang@sgg.whu.edu. Email Address
> SAC BINARY compressed tar file   ☑ Notify me through email when complete
> SAC ASCII individual files   S(default)
> SAC ASCII tar file   10
> SAC ASCII gzipped tar file   20
> SAC ASCII compressed tar file   minutes after selected phase
>
>   [Process Request]
>   Click button to process request

（4）提交申请后，出现画面：

> **WILBER II**
>
> # - Please Wait -
>
> **Your request is being queued into ORFEUS WILBER processing**
>
> (next)

WILBER II

Request Completed!

ID Number: 12683
User Name: Shawn_Zhang
Request Label: SZX
Data Format: SAC
File Size: 175087 bytes

Take me to my current FTP directory (/pub/wilberII/userdata/Shawn_Zhang/SZX) to download my data product.

(Wilber II home)

（5）在 ftp 查看数据。

FTP 目录 /pub/wilberII/userdata/Shawn_Zhang/SZX 位于 www.orfeus-eu.org

转到高层目录

```
05/20/2009  09:17上午        43,256  2008.343.18.46.15.9000.AI.JUBA..BHZ.D.SAC
05/20/2009  09:17上午        39,552  2008.343.18.46.42.0000.AI.SMAI..BHZ.D.SAC
05/20/2009  09:17上午        46,920  2008.343.18.47.04.7000.AI.ORCD..BHZ.D.SAC
05/20/2009  09:17上午        12,632  2008.343.18.47.33.0000.AI.ESPZ..BHZ.D.SAC
05/20/2009  09:17上午         2,632  2008.343.18.50.03.0000.AI.ESPZ..BHZ.D.SAC
05/20/2009  09:17上午         8,712  2008.343.18.50.28.0000.AI.ESPZ..BHZ.D.SAC
05/20/2009  09:17上午         2,632  2008.343.18.52.09.0000.AI.ESPZ..BHZ.D.SAC
05/20/2009  09:17上午        18,632  2008.343.18.52.34.0000.AI.ESPZ..BHZ.D.SAC
05/20/2009  09:17上午           119  my_processing.log
```

（6）数据下载完成后，出现日志文件：

Begin processing request ...

username：Shawn_Zhang

no errors encountered...

transfer completed.

filesize：175087 bytes

（7）下载数据，完成整个数据下载。

1.5.2 用 JWEED 申请 IRIS 数据

首先在 IRIS 网下载 JWEED 安装，完成下列五个基本步骤：

选择服务器；

选择地震事件；

选择台站；

设定时间；

下载数据；

如：(1) 选择 IRIS_DataCenter：

(2) 选择地震事件：

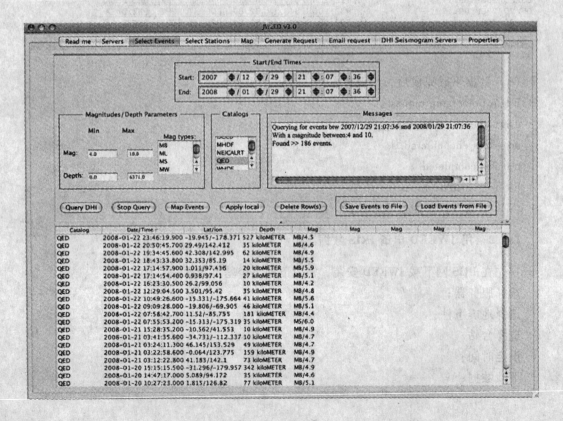

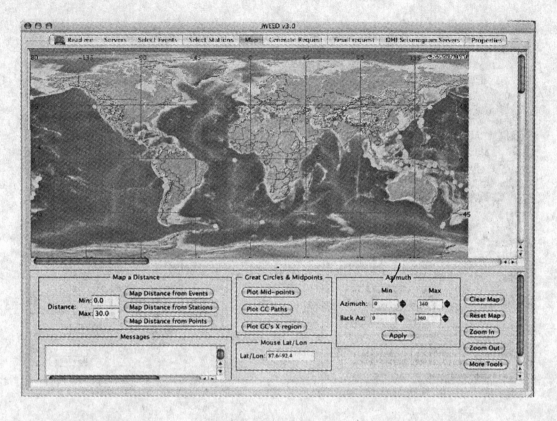

（3）选择台站：

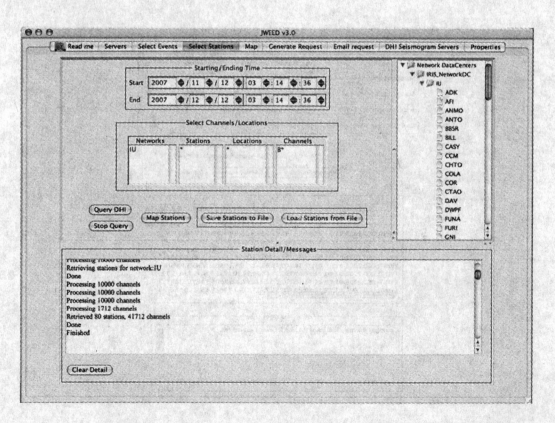

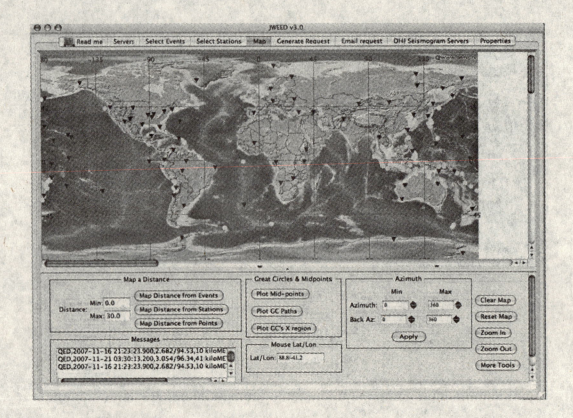

(4) 设定时间:

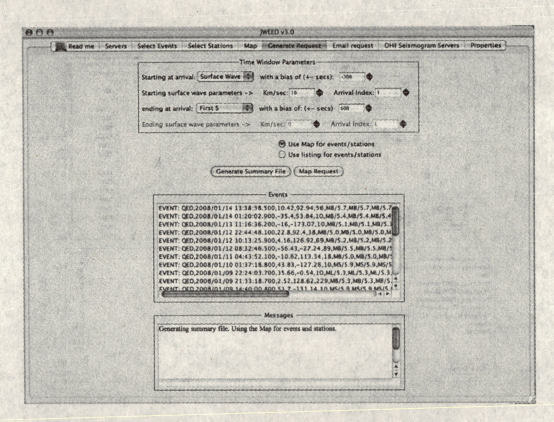

12

（5）提交申请-下载数据：

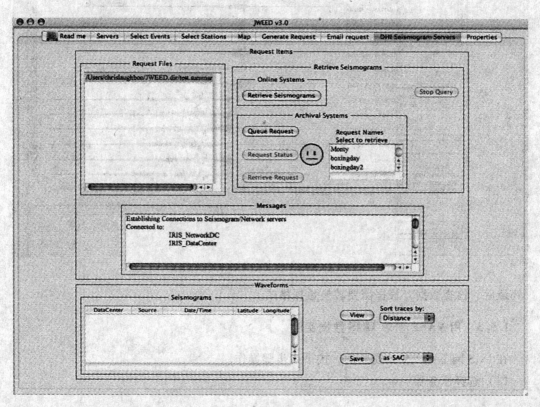

文件以 SAC 格式存档。

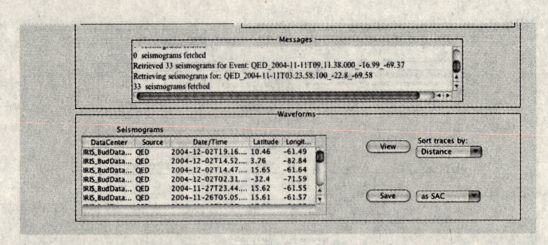

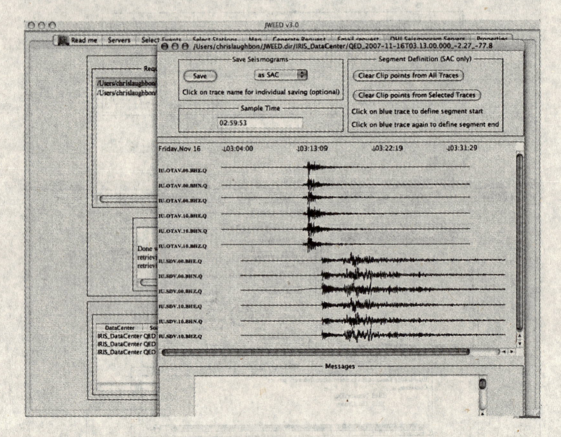

最后，检查数据，根据需要转换数据格式。

1.5.3 用 VASE 请求 IRIS 数据实例

在 IRIS 网下载 VASE 安装后，按下列步骤操作。

（1）选择服务器：

(2) 选择台站及地震事件：

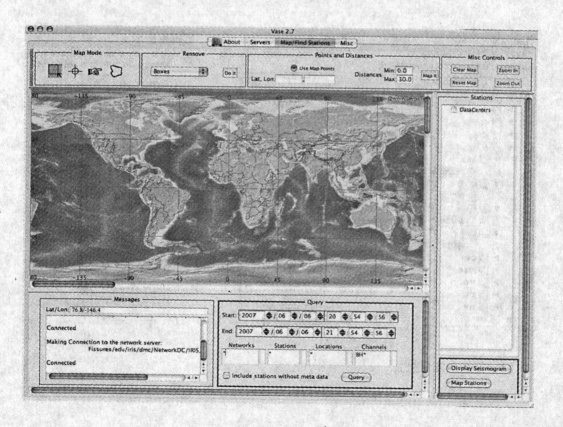

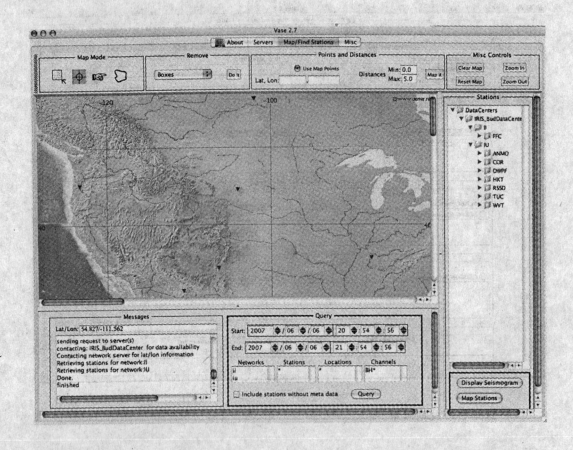

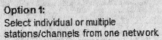

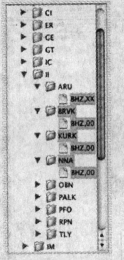
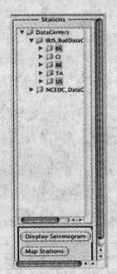
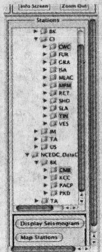

（3）显示地震信息：

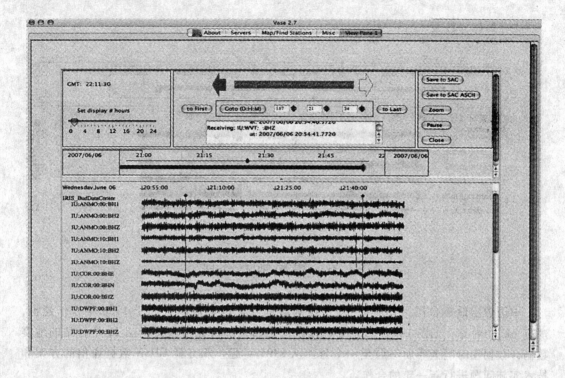

（4）按指定格式存储数据：

也可以选取部分数据。

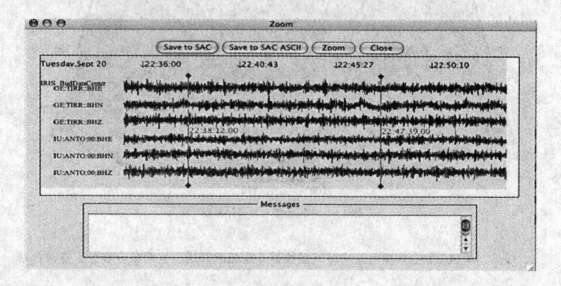

或存储部分数据。

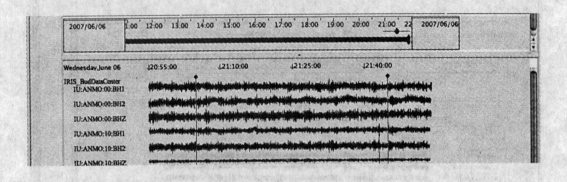

§1.6 中国地震台网

中国数字地震台网（CDSN）是中国地震局与美国地质调查局于1986年合作建设，现有145个台站，如图1-4所示。在初期阶段是通过邮寄磁带收集全国11个台站的地震数据，数据在时间上滞后一周至一个月。从1995年起，双方就CDSN数据通信的方案和技术实施问题进行新一轮的合作。

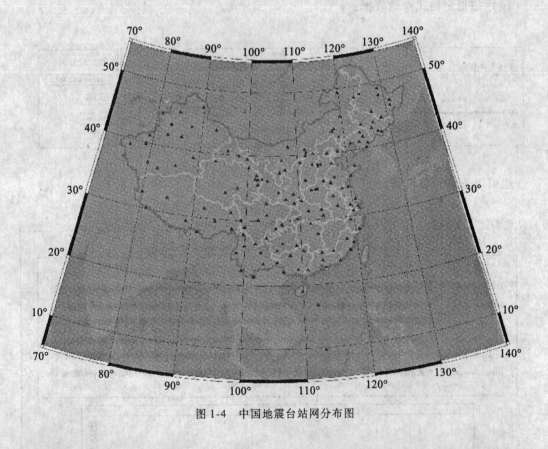

图1-4 中国地震台站网分布图

1995年海拉尔和白家疃两条实时地震数据专线相继开通。这两条专线分别将两台站的地震数据经电信部门的专用电话线,传送到位于北京市的地球所大楼内的 CDSN 数据管理中心（DMC），再通过当时已开通的、由 CDSN/DMC 至美国西海岸卫星地面站的国际卫星线路，将这两个台站的地震数据，实时地传送给美方，64Kbps 带宽的国际卫星线路作为 20 世纪 90 年代中国地震局唯一连接互联网的通道，与美方传送实时地震数据，为大震后的快速反应创立了一种至关重要的数据通信手段；也使我国首次尝试了向 IRIS 全球台网数据管理中心提供我国 CDSN 台站的实时地震数据的可能性。1998 年光缆数字传输 DDN 替换原有的电话线传输数据，完成了第一期技术改造。避免了原来电话线的许多弊端，大大提高了抗干扰性和安全可靠性，提高了数据传输质量。

2001 年，中国数字地震台网（CDSN）中美科技合作项目是由中方的中国地震局（CEA）、国家自然科学基金委员会（NNSF）和美方的美国地质调查局（USGS）、国家科学基金会（NSF）、美国地震学联合研究体（IRIS）共同支持的。台网的技术负责单位分别是中国地震局地球物理研究所（IGCEA）和美国地质调查局阿尔布开克地震实验室（USGS/ASL）。1992—2001 年，中美双方执行了 CDSN 二期技术改造计划。CDSN 二期技术改造计划的目标是将 CDSN 改造成符合 IRIS 全球地震台网（GSN）技术规范的"新一代"CDSN（Chen et al，1994；周公威等，1995）。

CDSN 二期技术改造的技术内容包括：进一步提高 CDSN 对全国地震的监测能力，增设拉萨台和西安台，用新一代智能化的 IRIS/GSN 台站设备更新原有设备，采用国际通用的地震数据交换标准格式（SEED）的超宽频带、大动态（140dB）记录数据，使中国数字地震台网成为 GSN 的组成部分；将 STS-1 地震计的宽频带数据信道（5～0.04Hz）改变成甚宽频带数据信道（8.5～0.003Hz），并由触发记录改为连续记录；在 CDSN 台站，安装 STS-2 或 GS-13 甚短周期地震计，其检测地震波的高频分量可达 30Hz 以上，安装 FBA-23 加速度地震计，其检测加速度的上限达 20m/s^2；改造 CDSN 数据管理中心（DMC）和台网维修中心（NMC），用新软件系统提高台网数据处理、编辑、数据服务能力，并兼顾核查数据处理与分析；实现 CDSN 台站至 CDSN/DMC，以及由 CDSN/DMC 至 USGS/ASL 的国际地震数据快速传输；使 DMC 具有通过国际互联网访问国外地震数据库的能力。CDSN 从 1986 年起便是国际数字（宽频带）地震台网联合会（FDSN）的第一批入会成员（陈运泰等，2000）。

1. 台站信息

"新一代"CDSN 台站信息如表 1-1 所示。

表 1-1　　　　　　　　　　　　　CDSN 台站信息

台站代码	$\phi_N/(')$	$\lambda_E/(')$	高程/m	类型	地质基础	数字宽频带	强震仪器	备注
BJT	40.019 0	116.173 0	197.5	山洞	石灰岩	具备	配置	白家疃台
LZH	36.086 7	103.844 4	156 0	地表	黄土	具备	未配	兰州台
			144.0	井下	砂岩			
ENH	30.276 2	109.493 4	487	地表	石灰岩	具备	配置	恩施台
KMI	25.123 3	102.740 0	1952	山洞	石灰岩	具备	配置	昆明台
QIZ	19.029 4	109.843 3	230	地表	花岗岩	具备	配置	琼中台

续表

台站代码	$\phi_N/$ (′)	$\lambda_E/$ (′)	高程/m	类型	地质基础	数字宽频带	强震仪器	备 注
SSE	31.094 7	121.190 8	15	山洞	安山岩	具备	配置	佘山台
WMQ	43.822 1	87.695 0	901	地下6m	砂岩	具备	配置	乌鲁木齐台
HIA	49.266 7	119.741 7	610	山洞	安山岩	具备	配置	海拉尔台
MDJ	44.616 4	129.591 9	250	山洞	花岗岩	具备	配置	牡丹江台
LSA	29.700 0	91.150 0	378 9	山洞	花岗岩	具备	配置	拉萨台
XAN	34.039 4	108.921 4	630	山洞	花岗岩	具备	配置	西安台

2. "新一代"CDSN台站数据记录系统

地震计配置的类型：

Streckeisen Model STS-1/VBB 三分向系统（配置于 BJT, ENH, KMI, WMQ, HIA, LSA, XAN）；

Streckeisen Model STS-2/BB 三分向系统（配置于 ENH, KMI, SSE, WMQ, MDJ, LSA, XAN, QIZ）；

Teledyne2Geotech Model GS213/VSP 三分向系统（配置于 BJT 和 HIA）；

Kinemet rics Model FBA223/LG 三分向系统（除 LZH 外其余台站均配置）；

模数转换器类型：ADC 为 Quanterra Model Q2680（除 LZH 外其余台站均配置）；

数据格式：所有分向系统均为 SEED，格式的 24 位整数数据；动态范围：140dB。

3. CDSN 运行状况

1992—2001年，根据 IRIS/GSN 的技术标准，对 CDSN 台站陆续进行了技术改造，"新一代"中国数字地震台网的数据可用性诸年度达到或略高于97%，仅以2002年为例，CDSN/DMC 全年接收并处理了775盘台站磁带（数据量约105GB），并且生成了220片 CDSN 数据光盘存档；2002年，CDSN/DMC 为 USGS/ASL 提供了775盘"新一代"CDSN 台站原始记录磁带（数据量约105GB）；CDSN/DMC 接收到来自 USGS/ASL 的1088片 GSN 的 SEED 卷数据光盘，546片 CDSN/SEED 卷数据光盘。2002年开始，CDSN/DMC 为中国地震学家的数字地震学研究提供了海量的地震事件波形数据。CDSN 数据管理中心也在不断研发实时数据处理软件，为大震震源参数的测定和速报提供数据服务。

§1.7 中国数字地震台网数据管理与服务

中国数字地震台网数据管理中心（CDSN DMC）自投入运行以来，主要承担着台网的数据收集、处理、数据质量检查（QC）、数据备份、国际资料交换和台网运行情况的评价等多项常规任务。在引入实时数据之前，各个 CDSN 台站所记录到的连续波形数据，是通过写入磁带（QIC-150 匣式带，150MB，以下简称"台带"），以邮寄的方式汇集到 CDSN DMC。DMC 的工作人员通过计算机挂接的数据输入端口设备将数据读入 Oracle 数据库。

中国地震台网中心（CENC-China Network Center）提供的测震数据主要包括国家数字地震台网、区域有人职守数字地震台网和首都圈数字地震台网产出的数据，以及与美国 NEIC、英国 ISC 通过相互资料交换获得的数据。数据种类比较齐全，包括地震台网相关数据（台站位置信息、仪器响应信息、资料完整性信息和台基噪声等）、地震目录（地震速报目录、国家台网日报目录、首都圈台网日报目录、美国 NEIC 准实时目录、中国地震台网快报目录、中国台网地震目录、英国 ISC 地震目录、美国 NEIC 目录）、地震波形数据（国家台网 SAC 格式事件波形、国家台网 SEED 格式连续和事件波形、首都圈台网 SEED 格式连续和事件波形）、震相数据（中国地震台网震相数据和英国 ISC 震相数据）、震源机制解（国家台网 CMT 和美国哈佛大学 CMT）和综合数据（地震专题）等。

（1）国家台网连续波形数据：将国家台网 48 个台 EDAS 格式连续波形数据转化为 SEED 格式，并按小时截成单个文件。

（2）国家台网事件波形数据：将国家台网 48 个台 EDAS 格式连续波形数据按地震目录截取事件并转化为 SEED 格式，每个事件 1 个文件。

（3）区域台网连续波形数据：将区域台网 28 个台 EDAS 格式连续波形数据转化为 SEED 格式，并按小时截成单个文件。

（4）区域台网事件波形数据：将区域台网 28 个台 EDAS 格式连续波形数据按地震目录截取事件并转化为 SEED 格式，每个事件 1 个文件。

（5）首都圈连续波形数据：将首都圈台网 107 个台连续波形每天生成 1 个文件。

（6）首都圈事件波形数据：将机器自动截取的事件波形根据地震目录进行筛选，每个事件 1 个文件，包含 107 个台的记录。

用户可以填写中国地震台网中心地震波形数据服务登记表，申请授权，详见网站 http://www.csndmc.ac.cn/newweb/guide.htm。

§1.8 中国数字地震台网数据处理软件

1.8.1 数据处理软件

中国地震台网中心提供了若干地震专用软件，主要包括 SAC2000，rdseed，rdseed_win，大震速报等。

SAC2000：SAC（Seismic Analysis Code）是由加州大学 Lawrence Livermore 国家实验室（LLNL）开发，用于处理和研究时间序列信号，主要是地震信号的通用软件。其分析能力包括通常的算术运算、傅氏变换、频谱估计、IIR 和 FIR 滤波、信号叠加处理（stacking）、数据提取、数值内插、相关分析、地震震相读取（picking）等。SAC 具有多种绘图功能，同时提供不同的版本以适用于不同的计算机系统。

现行的 SAC 版本可适用于 Unix（AT&T System V，Berkeley4.2）、DEC VAC/VMS，PRIME，IBM VM/CMS，AIX，Stellar，Data General 等不同的系统，在图形处理方面可适用于仿真 Tektronix 4010/4014 的任何图形终端，以及 X-Window，SUN-Window 等适用于工作站的图形系统。

SAC 采用交互式命令的驱动方式，即每条命令都需要在终端上键入，或者将其放在宏（macro）命令文件中去执行。地震信号存储在数据文件中，数据文件包括一个头段，用来说明这个文件的内容。SAC 格式可与 CSS 格式和 SEED 格式进行相互转换。

Rdseed：由美国 IRIS 开发，可把 SEED 格式的波形数据转换成其他格式，SAC（binary or ascii），AH，SEGY，CSS，miniSEED 或 fullSEED。

rdseed_win：由中国地震台网中心开发，可把 SEED 格式的波形数据转换成其他格式，如 SAC（binary or ascii），miniSEED 等。

大震速报软件：由南京地震台开发，专门针对 NNVS-IAS 和 SSDP 地震分析处理软件生成的定位结果而进行设计（对于 DIMAS 新版本，也可以自动转换）。

1.8.2 数据类型

中国地震台网中心提供各种数据下载，包括：大震速报目录数据、波形数据、震相数据及强震数据等。使用国家测震台网 48 个台站的数据测定，提供我国东部大陆（东经 105°以东地区）Ms4.0 级以上，我国其他地区 Ms5.0 级以上，我国边境地区 Ms6.0 级以上和全球 Ms7.0 级以上地震的基本参数。数据从 1999 年 1 月 1 日起，实时更新，发震时刻为北京时。

大震速报目录数据，包括：

    地震速报目录

    汶川地震速报目录

    地震日报目录

    统一编目日报目录

    国家台网日报目录

    首都圈台网日报目录

    中国地震台网快报目录

    正式地震目录，包括：

        中国地震台网目录，如表 1-2 所示。

        统一编目周报目录

        美国 NEIC 目录

        英国 ISC 目录

        首都圈地区地震目录

        中国微震目录

波形数据包括：

    国家台网 SEED 波形数据

    首都圈台网 SEED 波形数据

    汶川地震 SEED 波形数据

    国家台网 SAC 波形数据

震相数据包括：

    国家台网震相报告

    英国 ISC 震相报告

强震数据主要是首都圈台网强震数据。

表 1-2　　　　　　　　　　中国地震台网（CSN）地震目录

发震时刻 (国际时)	纬度 (°)	经度 (°)	深度 (km)	Ms	Ms7	mL	mb	mB	参考地点(英文)	参考地点(中文)
2008/12/31 23:49:54.2	42.08N	142.76E	68	4.4	4.2		4.6	5.0	HOKKAIDO, JAPAN REGION	日本北海道地区
2008/12/31 22:51:00.3	50.09N	120.01E	9			3.4			NORTHEASTERN CHINA	中国东北部
2008/12/31 22:44:15.5	10.29N	125.82E	68	4.3	4.2		4.7	5.1	LEYTE, PHILIPPINES	菲律宾莱特岛
2008/12/31 21:23:44.5	8.8S	75.9W	40	5.3	5.0			5.1	CENTRAL PERU	秘鲁中部
2008/12/31 19:02:47.4	56.42N	166.12E	86	4.5	4.2		4.4	4.8	KOMANDORSKIYE OSTROVA REGION	科曼多尔群岛地区[俄]
2008/12/31 14:57:00.5	36.64N	71.28E	118				4.3	4.6	AFGHANISTAN-TAJIKISTAN BORD REG.	阿富汗-塔吉克斯坦边境地区
2008/12/31 14:02:25.8	25.02S	176.96W	157				5.3	5.3	SOUTH OF FIJI ISLANDS	斐济群岛以南
2008/12/31 11:39:51.5	4.41N	127.59E	77	4.8	4.6		5.1	5.3	TALAUD ISLANDS, INDONESIA	印尼塔劳群岛
2008/12/31 08:47:54.5	46.98N	154.33E	9	4.6	4.3		4.7	5.0	EAST OF KURIL ISLANDS	千岛群岛以东
2008/12/31 06:53:17.6	35.39N	99.48E	12			3.2			QINGHAI, CHINA	中国青海省
2008/12/31 04:47:31.9	31.46N	105.32E	11			3.0			SICHUAN, CHINA	中国四川省
2008/12/30 20:51:34.9	8.5S	75.5W	20	5.1	4.9			5.1	CENTRAL PERU	秘鲁中部
2008/12/30 20:32:44.2	4.4S	100.80E	60	4.8	4.6		4.8	5.3	SOUTHWEST OF SUMATRA, INDONESIA	印尼苏门答腊岛西南
2008/12/30 19:49:50.6	4.82S	101.24E	46	6.3	6.0		5.6	6.2	SOUTHERN SUMATRA, INDONESIA	印尼苏门答腊岛南部
2008/12/30 18:09:16.7	11.1S	118.94E	60	4.9	4.6		5.1	5.4	SOUTH OF SUMBAWA, INDONESIA	印尼松巴哇以南
2008/12/30 17:51:14.7	10.7S	161.40E	61	5.1	4.8		4.6	5.2	SOLOMON ISLANDS	所罗门群岛
2008/12/30 17:43:49.9	10.45S	161.54E	62	5.1	4.8		4.8	5.2	SOLOMON ISLANDS	所罗门群岛
2008/12/30 17:28:12.4	0.51N	96.69E	37	4.2	4.0		4.6	5.0	OFF W COAST OF NORTHERN SUMATRA	印尼苏门答腊岛北部西岸远海
2008/12/30 15:48:33.4	35.61N	140.63E	58	4.4	4.1		4.9	5.0	NEAR EAST COAST OF HONSHU, JAPAN	日本本州东岸近海
2008/12/30 14:57:13.5	14.90N	44.9W	10	5.3	5.0			5.3	NORTHERN MID-ATLANTIC RIDGE	中大西洋海岭北部
2008/12/30 13:54:39.0	66.40N	157.5W	7	4.5	4.2		4.6	4.7	NORTHERN ALASKA	美国阿拉斯加州北部

中国地震台网(CSN)地震目录

发震时刻	经度 (°)	纬度 (°)	深度 (km)	Ms	Ms7	ML	mB	mb	Msz (NEIC)	mb (NEIC)	台站数目	标准偏差	参考地点
2008/12/31 23:49:54.2	142.76E	42.08N	68	4.4			5.0	4.6		4.6	38	1.300	HOKKAIDO, JAPAN REGION

23

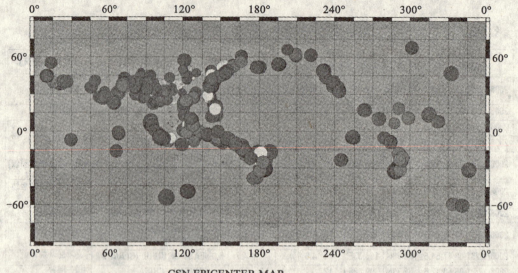

CSN EPICENTER MAP
(2008/12/01~2008/12/31,417 events)

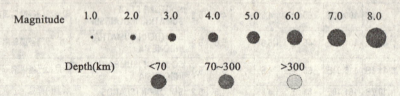

图1-5 中国地震台网（CSN）震中分布图

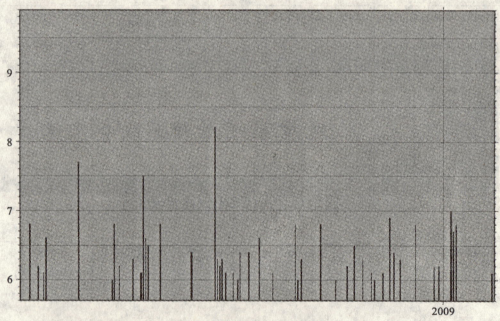

CSN M-T FIGURE
(2008/01/01~2009/02/12,M>=6.0,53 events)

图1-6 中国地震台网（CSN）地震 M-t 图

第 2 章 地震数据的基本格式

§2.1 数字波形数据

2.1.1 参数格式

参数格式涉及所有地震参数，如震源、震级、震相到时等。《地震观测业务手册》（Willmore，1979）讲到的电报格式（TF）是公布和交换参数数据的传统格式的典范。自从1990年以来，许多地震参数数据以现代的格式被存储和交换，现代的格式比以前的电报格式更完整、更简单、更明晰。2001年8月，地震观察委员会、地球内部地震和物理国际协会在越南河内会议上决定把IASPEI地震格式（ISF）作为标准。但是实际上，人们还用着许多不同的格式。下面，将简要介绍一些常见的格式。这些格式的详细说明，读者可参考原始手册或相关的正式出版物。

1. HYPO71

定位程序 HYPO71（Lee and Lahr，1975）已经应用了许多年，是地方震研究用得最多的一个程序。因此，HYPO71格式仅局限于对少数几个重要的参数起作用。表2-1给出了这种格式的一个例子。

这个格式中只有P震相和S震相可用，而且S震相的到时是以P震相到时的小时-分钟作为参考的，因此使用起来受到很大限制，不能用于远震数据。但是对地方震来说，这个格式是使用最广的格式之一。HYPO71程序有很多修正版，相应的格式也有多种形式，不同形式可能存在小的差别。

表2-1 **HYPO71** 格式输入文件的例子。每一行从左到右包括：台站代码（最多4个字符），表示出动清晰度的 **E**（缓始的）或 **I**（脉冲式的），极性（**C** 为压缩，**D** 为拉张），年、月、日和 **P** 震相的到时（时、分、秒、毫秒），S 震相到时（只给出秒和毫秒），最后一栏是持续时间。在 ES 与持续时间之间的空白处用来填写不同的参数如振幅。最后一行是事件之间的一个包含控制信息的分隔行

Foo	EPC	96	6	6	648	48.47	62.67ES	136
MOL	EPC	96	6	6	648	49.97	65.87ES	144
HYA	EP	96	6	6	648	56.78	78.07ES	135
ASK	EP	96	6	6	649	2.94	34.72ES	183
BER	EPC	96	6	6	649	7.56	36.61ES	
EGD	EPD	96	6	6	649	5.76	40.53ES	
					10	5.0		

2. HYPOINVERSE

除了 HYPO71 外,还有其他一些定位程序,如 Hypoinverse 和 Hypoellipse,但是它们不如 HYPO71 用得那么多。表 2-2 给出了 Hypoinverse 输入格式的例子。

表 2-2 **Hypoinverse** 输入格式的例子。注意年、月、日、时、分只在头段中给出,而且一行只给出一个震相

```
96   6    60648
     FOO       EPC    48.5    136
     FOO       ES     62.7
     MOL       EPC    50.0    144
     MOL       EPC    50.9
     MOL       ES     65.9
```

3. 北欧格式 (NORDIC)

20 世纪 80 年代,人们首次尝试创建一个更完整的格式用于数据交换和数据处理。最初是为了满足北欧国家交换数据和存储数据的需要,所以叫做北欧格式,在 5 个北欧国家中应用。这种格式后来成为 SEISAN 数据库和处理系统应用中的标准格式,现在得到了广泛的应用。此格式改进了 HYPO71 格式的一些缺点,能够存储几乎所有参量,有扩展空间,对输入和输出都可用。表 2-3 给出了一个例子。

表 2-3 北欧格式的例子。数据和表 2-1、表 2-2 中的一样。此格式以一系列头段行开始,在最后一栏给出行标识,震相数据行在头段之后而没有行标识。头段可以有任意行,其中包括注释行。第一行给出了发震时间、位置和震级;第二行是误差估计;第三行是相应波形文件的名字;第四行是震相的解释行 (7 类)。缩写词分别为 STAT:台站代码; SP:分向; I:I 或 E; PHAS:震相; W:加权指标; D:极性; HRMM SECON:时间; CODA:持续时间; AMPLIT:振幅; PERI:周期; AZIMU:台站方位; VELO:虚波速度; SNR:信噪比; AR:定位的方位角残差; TRES:走时残差; W:权重; DIS:震中距 (km); CAZ:从震中到台站的方位角

```
 1996  6  6 0648 30.4 L  62.635   5.047 15.0  TES 13  1.4  3.0CTES 2.9LTES     3.0LNAO1
 GAP=267          5.92     18.8  43.0  31.8    -0.5630E+03   0.8720E+03     -0.3916E+03E
 1996-06-06-0647-46S.TEST_011                                                           6
 STAT SP IPHASW D HRMM  SECON CODA AMPLIT  PERI AZIMU VELO  SNR  AR   TRES W  DIS CAZ7
 FOO  SZ EP    C  648  48.47  136                                    -0.110   116 180
 FOO  SZ ESG      649   2.67                                          0.710   116 180
 FOO  SZ E        649   2.89        426.4  0.3                                116 180
 MOL  SZ EP    C  648  49.97  144                                    -0.310   129  92
 MOL  SZ EPG   C  648  50.90                                          0.410   129  92
 MOL  AZ E        649   5.86                                                  129  92
 MOL  SZ ESG      649   5.87                                          0.410   129  92
 MOL  SZ E        649   6.98        328.6  0.6                                129  92
 HYA  SZ EP       648  56.78  135                                     0.810   174 159
 HYA  SZ IP    D  648  56.78                                          0.810   174 159
 HYA  SZ EPG   D  648  57.56                                          0.110   174 159
 HYA  SZ ESG      649  18.07                                          0.610   174 159
 NRAO SZ Pn       0649 24.03              309.6  8.5  139   5 -0.410         403 119
 NRAO SZ Pg       0649 32.60              305.6  7.2 85.2   1  0.410         403 119
```

4. GSE/IMS 格式

GSE 格式（GSE1.0 和 GSE2.0 版）最初由日内瓦的裁军委员会下设的科技专家组（GSE）开发，用于由 GSE 组织的全球技术实验 GESTD-3。随着全面禁止核试验条约（CTBT）组织的国际监察系统（IMS）的建立，这种格式经过修正后（称作 GSE2.1）重命名为 IMS1.0，这种格式现已广泛应用于全球的许多研究所。在 AutoDRM 数据交换（http://www.seismo.ethz.ch/autodrm）和在向国际数据中心传输数据时就是采用这一格式。IMS1.0 格式在结构上与北欧格式相似，在某些方面包含更完整的信息，而在另一些方面则可能缺少一些信息。最大的区别是每行的长度可超过 80 个字符，前面描述的几种格式都不能达到这一点。继 SEISAN 之后，IMS1.0 由于其完整性和易读性成为最主要的格式。

IMS 的官方管理者是全面禁止核试验条约组织（CTBTO）。2002 年 12 月 166 个国家在 CTBT 上签字，并且参与 IMS 系统的开发。CTBTO 的网页是 http://www.ctbto.org。IMS1.0 数据格式描述可以通过服务于已在各大洲许多国家建立的 CTBT 的国际数据中心（NDC）获得。也可以通过网站 http://www.cmr.gov/pidc/librarybox/idcdocs/idcdocs.html 在标题 "3.4.1 Rev3 Fomats and Protocols for Messages" 下的前模型国际数据中心（PIDC）获得。

表 2-4 IMS1.0 参量格式的一个例子。此例包括和表 2-1～表 2-3 中相同的数据。第一行是资料信息等。余下各行多少都有些说明。注意相比于北欧格式，它对每个震相给出更多、更高精度的信息（如震级）。另一方面，缺少像分向和事件持续时间的信息。这些都被加到新 ISF 格式

```
BEGINGSE2.0
MSG_TYPE DATA
MSG_ID 1900/10/19_1711 ISR_NDC
DATA_TYPE ORIGIN GSE2.0
EVENT 00000001

Date        Time       Latitude  Longitude  Depth  Ndef  Nsta  Gap  Mag1  N  Mag2  N  rms   OT_Error Srr
1996/06/06 06:48:30.4  62.6350   5.0470     15.0   25    13    267  ML 2.9 8             1.40+-5.9
Sta  Dist EvAz Phase Date       Time     TRes  Azim AzRes Slow SRes Def  SNR  Amp  Per Magi Mag2
FOO 1.04 180.0 mc  P 1990/06/06 06:48:48.5 -0.1                         T
FOO 1.04 180.0 m  SG 1996/06/06 06:49:02.7 0.7                          T
MOL 1.16 92.0 mc  P 1996/06/06 06:48:50.0 0.3                           T
MOL 1.16 92.0 m     1996/06/06 06:49:05.9
MOL 1.16 92.0 m  SG 1996/06/06 06:49:05.9 0.4                           T
NRAO 3.62 119.0m Pg 1996/06/06 06:49:32.6 0.4 305.6 1.0 7.2             TAS 85.2
STOP
```

5. IASPEI 地震格式（ISF）

ISF 按照 IMS1.0 标准，但在公布附加数据类型方面进行了必要的扩展，这就使得数据包含有附加数据。其格式看起来和前面表 2-4 的 IMS1.0 格式很像（除扩展行外）。ISF 已经通过了 ISC 和 NEIC 的全面测试，并且消除了其不兼容性。ISF 的详细说明可以从其主页（http://www.isc.ac.uk/Documents/isf.pdf）获得。

由于包括了可选择项目，使得 ISF 格式不像其他格式那么简单。尽管如此，ISF 的完

整性、明晰性、扩展性和可变性仍有希望使它得到广泛的应用。ISF 的广泛应用使数据格式有了统一的标准，这就使得数据交换、旧数据的再利用以及程序开发变得更加容易。

2.1.2 数字波形数据

全球范围内存储和交换的最大的地震数据是数字波形数据，目前地震学中采用了许多种不同的数据格式，这些格式大多可以被归并为以下五种类型：

（1）单台、台网或某些特殊的地震记录器所采用的局部格式（例如，ESSTF、PDR-2、BDSN、GDSN）。

（2）在标准分析软件中使用的格式（例如，SEISAN、SAC、AH、BDSN）。

（3）为数据交换和存档而设计的格式（SEED，GSE）。

（4）为数据库系统而设计的格式（CSS，SUDS）。

（5）实时数据传输格式。

前四种类型显示了分级结构。第 4 类是形成了其他类的母集，也就是说前三种类型可以由它导出。同样，第 3 类是前两类的母集。为了与其他数据中心进行数据交换和数据存档，几乎所有地震数据中心都需要在这些层级之间进行数据格式转换。有很多软件工具可实现从一种格式到另一种格式的转换，特别是向上层级别的格式转换。

1. 数据存档

数据存档需要对台站、信道和数据结构的全部信息进行存储，但大多现有的格式只提供部分信息。大部分存档格式都包括台站和信道的信息，但并不一定有全部的数据信息。我们需要考虑的是全面展示标准地震数据格式（SEED）交换标准的几个特征：

- 数据描述语言（DDL）；
- 字符顺序参考；
- 响应信息。

DDL 被定义为能够使它本身被任何一种数据格式（整数、二进制、压缩数据）存储。这种语言包括几个定义要点，比如，应用压缩配制、每个采样的字节数、尾数和以比特为单位的增益长度、符号规约的应用。DDL 的优点是原始的数据结构能够被保存并被了解。它的缺点是读者要对 DDL 进行解译，而且在读数据时没有可视性。解码信息必须能够直接由数据得到，这一点非常重要，因为数据可能是在具有不同字节次序的平台上收集到的。在 SEED 格式里其原始数据的字节顺序在头段中定义。

在多数存档格式中，根据零点和极点提供了响应信息。在头段中给出 FIR 滤波器系数，在 SEED 和 GSE2.X 的定义中对它们作了说明。人们认为只有在计算振幅和相位作为频率函数时，才要仪器响应，这就出现了一个问题，就像 GSE1.0 格式中的例子。同样，GSE2.X 也不指定一个最低需求。响应信息的主要目的是改正仪器响应，这样用户将不得不找出最适合的极点和零点来给出响应。虽然我们可以根据频率、振幅、震相数据（例如在 Preproc 程序中）来计算极点和零点，但是，根据离散频率、振幅、震相数据多次反演的结果，将与原始数据不同。

2. 数据交换格式

数据交换格式与数据交换方式紧密相联。本质上说，任何格式都可以用来交换，但一个交换格式，要使它易于电子传送，应该有一个最低的内容标准，并且在所有计算机平台上都可读。在数据用户之间及数据中心之间的数据交换有许多不同的技术，如表 2-5 所示。

表2-5 数据交换技术

	技 术	优 点	缺 点
间接在线	AutoDRM，NetDC	基于E-mail（无链接时间）	小量或通过下载
直接在线	ftp,www,DRM(Spyder/VCilber/FARM)	直接存储，易于数据选择	对于大数据量速度慢
脱线	CD-ROM（DVD）	直接存储	不是实时数据

间接在线数据交换是通过需要请求，建立在邮件传输基础上的。AutoDRM技术（http：//www.selsmo.eth.ch/autodrm）使用户无需学习各种数据请求格式，只需要向就近的数据中心发送一个请求，他的请求会自动发送到能够提供数据的数据中心。

直接在线数据访问，主要通过网站直接下载。数据可分为ODC准实时数据集（Spyder）和完整的数据卷（ODC卷，FARM）。它们的区别是，Spyder数据在重要事件发生几小时之后就可以获得，而ODC卷要比实时滞后，甚至滞后约3~4年。

因特网的速度现在仍然限制着这种直接在线数据交换的有效性，尤其是因为要传送的数据量可能很大。直接在线数据可用性的一个主要的优势，是人们可以在大量的数字数据中进行选择。

脱线数据访问可提供完整的有质量控制的数据，它们可以在每个研究单位以CD-ROMs或DVD形式得到。

3. 数据库系统格式

人们设计了特别的数据库系统格式，这种格式的例子如CSS导出的"IDC database schema"和SUDS。

4. 连续数据协议和格式

多达100个信道的台站或台阵台站，可以用单一的连接，准实时地传输。提供的数据可以是压缩的也可以不是压缩的格式，带有或不带有鉴定签名。协议利用叫做帧的信息单位来建立或改变一个连接，并在寄件人与收件人之间交换。在任一时刻只有一帧可以发送或接收。在连接断掉时将启动暂停。

建立连接。寄件人首先通过一个预先的IP地址和发送连接请求帧端口，与收件人建立连接。收件人验证了寄件人的身份，并提供一个新的端口和由端口分配帧的因特网协议（IP）地址。寄件人停止最初的连接，并连接到分配好的IP地址和端口以便随后进行数据传送。

传送数据。当建立了连接之后，寄件人发出一个数据格式帧，它描述了随后数据的格式。然后寄件人可以发送数据帧数据。数据格式帧，提供了它本身的信息和随后而来的数据帧的信息。数据帧包含原始时间系列数据。每个数据帧，都有一个数据帧头段和多道子帧。

改变连接。寄件人和收件人都可以通过交换警惕帧，而改变连接。收件人发出警惕帧通报，寄件人用另一个不同的端口。寄件人用警惕帧通报收件人，通信将中断或一个新的数据格式将被应用。

中断连接。一般来说，一个建立起来的连接保持活动和应用状态，直到知道寄件人或收件人为了维修或重新配置而终止它。连接可以由发送警惕帧而故意中断。非有意中断是在超时之后，检测到的速度慢或通信系统失败引起。

为了传送 IMS 数据，CD-1.0 协议被 CD-1.1 代替，在 http：//www2.ctbto.org 和 http：//www.cmr.gov/pidc/libray box/idc docs/idc docs.html，可以找到其说明。

另一个实时数据协议是 Earthworm，它正在北美使用。此协议的文件可在网页 http：//www.gld brick.cr.usgs.gov 中找到。

§2.2 常用数据格式

地震数据的数据格式种类非常多，不同的数据格式用于不同的分析软件系统，而分析软件除了少数几种能够在多种计算机平台上工作外，通常都是只适用于某一种平台，因此，了解数据格式时必须注意其适用的计算机平台。本节仅介绍目前常用的一些地震数据格式。

1. AH

级别：2   平台：Unix

Ad Hoc（AH）格式是用于 AH 波形分析软件包的一种格式，这个软件包是由美国哥伦比亚大学莱蒙特-道荷提地球观测所（Lamont Doherty Earth Observatory）开发的。

2. CSS

级别：2，4   平台：Unix

地震研究中心（CSS，the Center for Seismic Studies）数据库管理系统（DBMS）是为了便于存储与检索"禁止核试验条约"的地震监测数据而设计的。地震数据分成两个类别：波形数据与参数数据。

参数数据的设计采用了关系数据库管理系统。信息被存储在二维图表中，就像在 ISF 格式中的一样。波形数据的索引与波形数据本身分开，保存在关系数据库中。而数据以无格式文件存储，称为非数据库管理系统文件。每个非数据库管理系统文件根据一个包含数据描述和数据文件在系统中的物理位置的信息进行索引。每一个波形段，包括一个台站中一个信道的数字采样。样本的开始时间、样本数和采样率都记录在一个索引中，此外，索引中还定义了所在的文件名、样本段在文件中的开始位置、台站和信道的名称，以及一个在特定频率的标定值。索引记录被保存在 wfdisc 中，每个 wfdisc 记录描述一个特定波形段，并包括一个 id 号来指定台站和使用仪器的详细信息。

3. GeoSig

级别：1   平台：PC

GeoSig 记录器采用的二进制格式。此格式包括一个头段和多元数据。

4. Guralp 格式

级别：1   平台：PC

Guralp 记录器采用的格式。

5. ESSTF 二进制

级别：1   平台：所有平台

ESSTF 是欧洲标准地震磁带格式（The European Standard Seismic Tape Format），曾经被 SAS-58000 数据采集系统用作文件系统的构架。ESSTF 格式组合了 ASCII 码格式的头段信息和二进制格式的地震数据信息。头段信息放在数据段之前，包含事件发生时间。每个数据段包含一个 ASCII 格式的 48 字符的头段（信道号、时间等）。所有的信道在一个文件中以多元形式存储。数据按帧的形式组织，每帧包含 500 个数据点。最有效地读取二进制数据是直接通过一个对 ASCII 格式数据有译码能力的存储缓冲器，进行无格式缓冲器读取。

6. GSE

级别：3　　平台：所有平台

GSE 格式是联合国裁军计划 GSFTT 广泛采用的格式。GSE2.1 现在被改名为 IMS1.0，是最新的版本。手册可以从 http：//www.orfeus knmi.nl/manuals/provisional_ GSE2.1.ps 或 International Monitoring System 上下载。

一个 GSE2.1 波形数据文件包括一个波形鉴定行（WID2），随后的是台站行（STA2），然后是波形信息本身（DAT2），最后是对每个 DAT2 段数据的检查行（CHK2）。默认行长度为 132 个字节，每行字符长度不超过 1024 个字节。响应数据类型允许给出全部的响应作为一个响应组序列。响应描述必须加上 CAL2 鉴定，以及一个或多个 PAZ2、GEN2、DIG2 和 FIR2 任何阶的响应节。

波形鉴定行 WID2 的内容包括：第一个数据样本的日期和时间；台站、信道和辅助代码；数据的子格式、样本数和采样率；在标定周期内，每个数字计数的仪器标定（以毫微米为单位）；仪器型号、水平向和垂直向。

STA2 行包括台网标识、台站的纬度和经度、参考坐标系统、高程和爆破深度。

DAT2 后的数据段可以是 GSE2.1 波形格式认可的六种不同子格式之一：INT，CM6，CM8，AUT，AU6 和 AU8。INT 是一种简单的 ASCII 子格式，"CM" 子格式是压缩数据，"AU" 子格式是鉴定数据。所有这些格式数据都以整数表示，可以通过电子邮件发送。

在 GSE2.1 格式中必须提供 CHK2。检查值是在转换整数值为任何子格式之前计算出来的。

7. IRIS 拨号扩展 ASCII

级别：1　　平台：所有平台

IRIS 拨号数据检索系统能够从 IRIS 的 GSN 台站查找、显示和写数据。这些台站都配置了拨号能力。利用不同的在线命令，数字波形能够被写为 ASCII 格式及扩展 ASCII 格式，例如，"V" 变量和 "F" 固定记录长度。这些文件包含两种类型的记录：头段记录（每个文件一个）和数据记录。头段记录包括台站和仪器信息、数据记录的开始时间和样本数。数据记录包含记录数、8 个样本值和一个检验值。这种格式为每一个台站的每个分向配置了一个单独的文件。

8. ISAM-PITSA

级别：2，4　　平台：Unix

检索顺序存储方法（ISAM）是为了易于存取数据而设计的一个商业数据库文件系统。PITSA 对数字波形数据利用检索顺序存储方法（ISAM）是基于它的内部文件结构。这个结构经常被认为是 ISAM 格式，但不要把它与潜在的数据库引擎混淆。一个 ISAM-PITSA 文件系统包括两个含有头段和所有信道索引信息的数据库文件，并且每个信道最少有一个信道文件。信道文件是一个浮点数二进制文件，原则上浮点数据能够被独立地读取。所有在 ISAM-PITSA 文件系统中的文件有相同的基本文件名。数据库文件扩展名是 ".nx0" 和 ".dt"，信道文件扩展名是 ".001"，".002"。

9. Ismes

级别：1　　平台：PC

意大利 Ismes 记录器所用的格式。

10. Kinemetrics 格式

级别：1　　平台：PC

Kinemetrics 有几个二进制格式，其中两个主要的格式是为 DataSeis 记录器和 K2 分级记录器的格式。

11. Lennartz

级别：1　　平台：PC

Lennartz 记录器所用的格式。最普通的是 Mars88 格式，还有一种格式是老磁带记录器片的格式。

12. Nanometrics

级别：1　　平台：PC

Nanometrics 记录器所用的格式。最普通的是 Y 格式。

13. NEIC ORFEUS

级别：2　　平台：PC

NEIC ORFEUS 的程序 SONICl 能够搜索、显示、书写来自 NEIC 地震数字数据 CD-ROMs（NEIC 波形目录，1991）的数据。ASCII 格式的数字波形数据包括两种类型的记录：头段记录和数据记录。头段记录包含台站信息、数据的开始时间、采样率、传递函数的参数。数据记录包含从 CD-ROM 读取的数据。数据记录中每个数据记录之前有数据点总数。要想得到更多信息，请参考 NEIC ORFEUS SONEC 软件磁盘的文件。

14. PDAS

级别：1　　平台：PC

Geotech PDAS 记录器所用的格式。这种格式除了记录器输出外还有更多的用处，有把整个数据转换成 PDAS 的例子。

15. PITSA 二进制

级别：2，3　　平台：PC 和 UNIX

这种格式完全是 PITSA 的内部数据描述的二进制映像，没有 ISAM 格式的数据库头段。二进制格式的另一个优点是它能够非常容易地通过各平台来交换数据文件。用户仅需要为任何所需的字节交换提供代码。

每个文件包括一个短的头段文件，随后是每个通道的数据块。它们都是二进制文件。头段文件包括：

(1) NCHANNELS：一个在文件中包含通道数的长整数。

(2) SIZE [ ]：一个表示通道的尺度的长整数矩阵。每个 SIZE [i] 元素包含第 i 块数据的块大小，以字节为单位。第 i 块的块大小，意思是第 i 块数据的头段大小加上第 i 块数据本身的大小。

(3) BLOCK [i]，对于 NCHANNELS 来说，$i=1$ 是指每个结果记录一块。每块包括数据头段的二进制映像（如 data.h 文件里所述），随后是波形数据的二进制映像。

公共地震台网格式

16. SAC

级别：2　　平台：Unix

SAC（Seismic Analysis Code）是一个研究时间序列的交互式分析软件，是目前国际地震学界最流行的供地震学家和工程师应用的数字信号处理和分析软件之一，具有信号校正、数据质量控制、走时分析、频谱分析、台阵和台站三分向波形数据分析等功能。其采用的 SAC 数据格式成为地震数据处理软件使用最广泛的数据文件格式。一个地震台站记录的一个分向的数据，形成 SAC 数据文件。每个数据文件包含一个头段，用来说明这个文件的内容（例如，数据点个数、文件类型等）。SAC 分析软件只在 Unix 平台上运行，文件的一般格式是二进制，目前已有能够运行于任何平台的 ASCII 版本。

17. SEED

级别：3　　平台：所有的平台

地震数据交换标准格式（SEED）主要是为了交换非压缩的波形数据。1987 年，联合数字地震台网（FDSN）采用 SEED 作为它的标准格式。IRIS 也采用了 SEED 格式，并把它作为数据的主要格式。SEED 应用四种类型的控制头段：

（1）卷标识符头段；

（2）缩写字典头段；

（3）台站头段；

（4）时间间隔头段。

控制头段中的数据域是格式化的 ASCII 格式，但数据域（在记录数据中）主要是格式化的二进制格式。在 SEED 参考手册中可找到全面的描述。

一些现代的数据采集系统（例如 Quanterra，Nanometrics）只产生 SEED 数据卷（miniSEED），而没有任何控制头段信息。从 miniSEED 卷到 SEED 数据卷需要利用软件工具进行转换，目前已有很多这样的转换软件（如 SeedStuff）。

18. SEISAN

级别：2　　平台：所有平台

SEISAN 二进制格式是地震分析软件 SEISAN 所采用的格式（http：//www.ifjf.uib.no/seismo/software/seisan.html），这个程序由挪威 Bergen 大学固体地球物理学院开发。格式包括描述所有信道的主要头段。每个信道又有一个含有响应等基础信息的信道头段紧跟其后。SEISAN 软件能够读取任何平台的二进制 SEISAN 文件。SEISAN 分析系统还能够处理 GSE 格式的数据。

19. SeisGram ASCII 和二进制

级别：2　　平台：PC

时间序列以连续的格式化 ASCII 文件或连续的二进制文件形式存储。SeisGram 软件（Lee，1991）还可以利用 BDSN 随机存储格式读取固定记录长度的文件。不论是 ASCII 数据文件还是二进制数据文件都包括以下头段信息：文件类型、数据格式、台网、台站和仪器标识、记录类型、日期、事件号、Y 分向的方位、每个样本的时间单位、采样率、振幅单位、每个数字计算的振幅单位、开始时间、样本总数、事件和数据注释、时间序列处理历史。

ASCII 文件将以"顺序存取，格式化"的格式选项打开。除了开始时间以外的所有头段个数，都是每行被写成一个单个的值。二进制文件主要是为了压缩和快速存取而设计，二进制文件以"顺序存取，二进制"格式选项打开。SeisGram 的随机存储数据文件是为了存储来自 BDSN 台网的大量二进制随机存储数据。文件中的数据与来自遥测系统数据流中的数据是一致的，除了一个额外的 8 记录头段来唯一地识别记录源、开始时间和格式。随机存储文件可按"随机存储，二进制"格式选项打开。

20. Sismalp

级别：1　　平台：PC

Sismalp 是一种法国数据地震记录系统广泛采用的格式。

21. Sprengnether

级别：1　　平台：PC

Sprengnether 记录器所应用的格式。

22. SUDS

级别：1，2，4　　平台：PC

SUDS 是地震统一数据系统（The Seismic Unified Data System）。SUDS 格式既可用于记录也可用于分析，并且独立于任何特殊设备厂商。

§2.3　格式转换

格式转换的主要原因可归纳如下：
(1) 为了数据存档和转换而使数据格式上升层级；
(2) 为了分析的目的，使存档和转换的数据下降层级；
(3) 为了分析的目的在层级之间转换；
(4) 从一个计算机平台转到另一个计算机平台。

主要有两个转换的方法。第一个是从一个数据中心请求特别格式的数据，或连接到一个数据中心并利用它们提供的一个转换程序。另一个更普遍的方法是在本地计算机上运行转换程序。仪器厂商一般都会提供至少一个程序用来把记录器数据转换成 ASCII 格式，或另一些更标准的格式，如 SUDS。

转换程序经常与分析软件有关，表 2-6 列出了一些较知名的分析软件以及它们所用的数据格式。

表 2-6　　　　　　　　　　　常用分析软件

程序	作者	输入格式	输出格式
CDLOOK	R. Sleeman	SEED	SAC, GSE
Geotool	J. Coyne	CSS, SAC, GSE	CSS, SAC, GSE
PITSA	F. Scherbaum, J. Johnson	ISAM, SEED, Pitsa binary, GSE, SUDS	ISAM, ASCII
SAC	LLNL	SAC	SAC
SEISAN	J. Havskov, L. Ottemoller	SEISAN, GSE	SEISAN, GSE, SAC
SeismicHandler	K. Stammler	q, miniSEED, GSE, AH, ESSTF	q, GSE, miniSEED
SNAP	M. Baer	SED, GSE	SED, GSE
SUDS	P. Ward	SUDS	SUDS
Event	M. Musil	ESSTF, ASCII	ESSTF, ASCII
SeisBase	T. Fischer	ESSTF, Mars88, GSE	GSE

在 ORFEUS Seismological Software Library 下的 ORFEUS 网页上可以找到许多格式转换程序，这里我们按字母顺序列出其中一些软件包。

1. Codeco

Codeco 程序由 U. Kradolfer 开发，并由 K. Stammler 和 K. Koch 改进。输入文件可以是 SAC 二进制或 ASCII 格式，或 GSE 格式。输出格式是：整数或压缩的 GSE1.0 和 GSE2.0，SAC 二进制或 ASCII，miniSEED。Codeco 可通过 SZGRF software library 得到。

2. Convseis

能够在 PC 机上转换 14 种数据格式，如 GSE1.0，GSE2.0，INT，PCEQ，SEGY 和 SUDS。Convseis 由 L. Oncescu 和 M. Rizescu 编写。

3. isam2gse

用 isam2gse 软件可把 ISAM 格式转换成 GSE 格式。原代码可由 SZGRF software library 得到（ftp：//ftp.szgrf.bgr.de/pub/software）。

4. ESSTF 到 GSE

由 B. Ruzek（布拉格地球物理所）编写的程序 len2gse2 可转换多元 ESSTF 二进制格式，Mars88 二进制格式，或 ASL ASCII 格式，为 GSE2.0 CM6 压缩格式。用户可选择时间窗并屏蔽信道或数据流。原代码是用 C++编写的。

5. GSE 到 SEED

gse2seed 程序，由 R. Sleeman（德国 Bilt，Orfeus 数据中心）开发，可把 GSE2.X 文件转换成 SEED2.3 格式。可解决多道问题。对每个 W1D2 节，GSE 文件必须包含响应的数据类型 STATION，CHANNEL 和 RESPONSE。

6. PASSCAL 软件包

PASSCAL 软件包由 P. Friberg, S. Hellman, J Webber 编写，是在 SunOs4.1.4 之下的 SUN 工作站上开发的，在 Solaris 2.4 或更高环境下编译，也可以在 LINUX 系统下编译。可把 RefTek 格式转换为 SEGY 格式和 mimSEED 格式。Pql 程序提供了一个又快又容易的方法来查看 SEGY、SAC、mimSEED 或 AH 地震数据。Pql 在 X11 窗口环境下运行。此软件包可在 Socorro 新墨西哥的 PASSCAL instrument center（http://www.passcal.nmtedu/passcal.shtml）得到。

7. Preproc

Preproc 主要用于分析大量的原始数据，这些原始数据在分析前需要以一种标准方式被预先压缩。Preproc 是由 Miroslav Zmeskal 为 1991—1993 年期间的 ISOP 计划编写的。最近它又被重新改写。作为一个副产品，Preproc 可以执行从 GSE/PITSA ISAM 到 GSE/PITSA ISAM 之间的数据转换，此外还将加入新的输入和输出格式（ESSTF，miniSEED）。Preproc 可以在 HP、SUN、Linux 和 DOS 下成功地编译。软件包 Preproc 和详细的手册可通过 ORFEUS 地震软件图书馆得到。

8. Rdseed

Rdseed 读取来自磁带和文件的 SEED 格式数据。根据用户确定的命令行功能选项，Rdseed 可读取数据卷，并恢复数据内容的卷表（-c），建立缩写字典（-a），或台站和信道信息以及仪器响应表（-s）。为了从 SEED 数据卷中提取数据，以供其他软件包分析，用户必须利用 prompt 代码（没有任何命令行选项）运行 Rdseed。当从 SEED 数据卷中读出数据后，Rdseed 会查看每个信道的方位和灵敏度并改正头段信息。Rdseed 的输出格式是（d 选项）：SAC、AH、CSS3.0、miniSEED 和 SEED 格式。2001 年发布了一个 JAVA 版的 Rdseed。

9. SeedStuff

SeedStuff 是一套 BASIC 程序，是由 GEOFON DMS 软件图书馆（ftp：// ftp.gfz-potsdam.de/pub/home/st/GEOFON/software）提供的，主要用来处理和编辑来自 Quanterra、Comserv 和 RefTek 的原始数据。目的是检查和读取来自台站文件/磁带的数据到 milniSEED 文件，并集合 miniSEED 文件而成为完整的 SEED 数据卷。SeedStuff 软件包由 Winfried Hanka 编写，可在 SUN、HP 和 Linux 系统上编译。该软件包有以下工具：

Extr_qic：读取多元原始 Quanterra 台站磁带，转换为非多元 miniSEED 文件，只包含一个台站/数据流/分向。

Extr_file：类似 Extr_qic 对多元 miniSEED 一样，主要对 RefTec 文件。

Extr_fseed：完全分解 SEED 格式。跳过 SEED 头段，数据被存储在台站/数据流/分量文件中。

Check_seed：检查 miniSEED 数据文件和磁带的内容。

Check_qic：分析 Quanterra 数据磁带的内容。

Copy_seed：对一个给定的由 copy_seed.cfg 配置文件定义的台站/数据流/分向数据，从 miniSEED 数据文件集合成一个完整的 SEED 卷。

Make_dlsv：对一套由 copy_seed.cfg 配置文件定义的台站/数据流/分向产生一个没有数据（只有头段）的 SEED 卷。

10. SEED 到 GSE

在 SUN 平台，程序 CDLOOK 能够读取完整 SEED 数据卷并以 GSE 格式写出波形，这个程序可以在 ftp：//%20orfeus.knmi.nl/pub/software 下载。

11. SEISAN

SEISAN 分析系统有近 40 个转换程序，大多是从一些二进制格式转换成 SEISAN 格式。SEISAN 格式能够转换成任何标准格式，像 SEED，SAC 或 GSE。SEISAN 对市场上大多数记录器（Kinemetrics, Nanometrics, Teledyne, GeoSig, Reftek, Lennartz, Giiralp 和 Sprengnether）都有格式转换器。

第3章 地震分析软件 SAC2000

SAC2000（Seismic Analysis Code 第三个千年版）是由美国加州大学 Lawrence Livermore 国家实验室（LLNL）开发研制的用于研究连续信号，特别是时间序列数据的通用程序，它是地震研究者深入分析地震事件的有力工具，其功能涵及算术运算、傅氏变换、频谱估计技术、无限脉冲响应（IIR）和有限脉冲响应（FIR）滤波、信号叠加、数据抽取、数值内插、相关分析和地震震相读取等。

§3.1 SAC2000 简介

SAC2000 由 C 语言开发，具有良好的可移植性，主要表现在支持多种操作系统和图形设备。现行有几个版本适用于下列不同类型的计算机和 Unix 操作系统：

SUN：Solaris 5.5 和 Sun 操作系统 4.1.1
SGI：IRIX 6.2；
PC：Linux 2.0.30；
DEC Alpha：OSF/1 V3.2（Rev. 214）

其中，Solaris 系统作为研发平台，其上一般可使用 SAC2000 的最新版本。旧的 Fortran 版本的 SAC 已经被移植到 HP 和 IBM RS6000 上。SAC2000 在不同的计算机系统上运行接近但并不完全相同。

在不同版本的 Unix 操作系统下，必须设置相应的环境变量，才能使 SAC2000 正常运行。假设 SAC2000 安装路径为"/usr/local/sac"，用户可以将 SAC2000 的环境变量设置放入自己的". login"或者". tcshrc"、". cshrc"、". bashrc"等文件中，这样，用户每次登录后，SAC2000 会自动完成设置。

例如，在 csh 或者 tcsh 下，可以在". cshrc"中增加以下内容：
setenv SACHOME   /usr/local/sac
setenv PATH $PATH：$SACHOME/bin
setenv SACAUX $SACHOME/aux
setenv SAC_USE_DATABASE 0
setenv SAC_PPK_LARGE_CROSSHAIRS 1

而在 Bash 下，可以修改". bashrc"文件，增加以下设置：
export SACHOME=/usr/local/sac
export PATH=$PATH：$SACHOME/bin
export SACAUX=$SACHOME/aux
export SAC_USE_DATABASE=0
export SAC_PPK_LARGE_CROSSHAIRS=1

用户在完成环境变量设置后，就可以使用 SAC2000 了。

§3.2　SAC2000 新用户指南

3.2.1　SAC2000 起步

登录到装有 SAC2000 的图形终端或工作站上，输入 SAC 并回车，SAC2000 将呈现简短的标题行，显示有关操作系统版本号和日期，也许还显示一些当前信息，然后出现请求输入的提示符"SAC＞"；在成功启动 SAC2000 后，可用 QUIT（或者 END、EXIT 和 DONE）命令退出。

SAC2000 程序采用交互命令驱动方式，用户必须输入命令让 SAC2000 执行，它没有任何输入提示，命令必须在终端上键入，或放入一个命令文件。每条命令内的各个参数用空格分开，在一个命令行内不同的命令用分号分开。

在启动 SAC2000 后，不妨从生成一个简单的函数开始：

FUNCGEN IMPULSE

该命令产生一个脉冲函数，并将其放入 SAC2000 的内存；若想在屏幕上看到这个函数，可以输入：

BEGINDEVICES *device*

PLOT

此例中的 device 是用户正在使用的图形设备名称，如果没有 BEGINDEVICES 命令，SAC2000 多数情况下将使用 X 窗口作为缺省设备。

大多数 SAC 命令都有缩写形式，例如，FG、BD 和 P 分别是 FUNCGEN、BEGINDEVICES 和 PLOT 的缩写。大多数选项也有相应的缩写：X 对应 XWINDOWS，用于硬拷贝绘图的图形设备 SGF 代表 SAC 图形文件。

FUNCGEN 命令可以产生各种不同的函数，让用户直观地感受 SAC 其他命令是如何工作的，这对初学者非常有用。例如，命令：FUNCGEN SEISMOGRAM 将在内存中生成一个简单的地震信号，它同时删除了前面生成的脉冲信号；使用 PLOT 命令在屏幕上看一看这个地震图。继续下一个函数：FUNCGEN SINE 2 NPTS 200 DELTA 0.01。

这个例子包含一个比较复杂的 SAC 命令，它在 SAC2000 的内存中生成一个频率为 2Hz 的正弦波，该正弦函数共有 200 个数据点，采样间隔为 0.01 秒，同样可以使用 PLOT 命令将此函数在屏幕上绘图。

需要说明的是，所有输入的 SAC 命令都用空格分隔；在输入的数字中，可以任意使用小数点；在对某个特定选项赋值后，该值就成为当前值，也就是说，该选项的值没有变化时，便无需每次都输入此选项的值。例如，再次以同样的采样间隔生成频率为 2Hz 的正弦波，但是要 400 个数据点，即可简单输入：FUNCGEN NPTS 400。

全部 SAC 命令分成两种主要类型：参数设定和操作执行。参数设定命令主要是改变 SAC 的内部参数值；操作执行命令对当前内存中的数据文件基于这些参数值进行处理。参数设定命令在重新设定前一直有效，然而操作执行命令的作用却是一次性的。例如，参数设定命令 YLOG 要求 SAC2000 对随后绘制图形的 y 轴使用对数坐标，而操作执行命令 PLOT 完成实际绘图。与参数设定命令相似，操作执行命令中的选项一经设定在再次设定前一直起作用。这种做法的基本假设是，用户再次使用同一命令时，更愿意使用相同的参数（或选项）值。

所有命令的大多数选项都有"精选"的缺省值，使用这些选项的当前值和缺省值，可以节省大量输入工作。例如，我们用 BANDPASS 命令对当前内存中的数据进行带通滤波：

FUNCGEN IMPULSE NPTS 100 DELTA .01
GANDPASS BESSEL CORNER .1 .3 NPOLES 4

这两个命令首先产生一个脉冲信号，然后对这个脉冲信号进行带通滤波。这个滤波器是4极贝塞尔滤波器，拐角频率为 0.1Hz 和 0.3Hz。通过输入 PLOT 命令可以看到时域中的结果，或者作傅氏变换后，再使用 PLOTSP 命令看看其振幅响应：

FFT
PLOTSP AM

现在用户就可以很方便地试验不同的拐角频率对：

FUNCGEN
BANDPASS CORNER .2 .5

SAC2000 生成相同的脉冲信号，使用相同的贝塞尔滤波器，只是其拐角频率不同。

3.2.2 SAC 数据文件

SAC2000 可以对数据进行检测、分析和绘图，这种数据存储在磁盘上称为 SAC 数据文件。每个数据文件包含一个单一数据集，对于地震数据，就是每个地震台记录到的一个分量（目前 SAC 还不能处理复合数据），通常是等间隔的时间序列数据。SAC2000 也处理不等间隔数据和频谱数据，频谱数据可以是实部-虚部或者振幅-相位形式。

每个 SAC 数据文件中还包含一个说明该文件内容的头段记录，头段中部分内容总是存在的（如数据点数、文件类型），其他头段变量或者针对某些文件类型（如等间隔时间序列文件中的采样间隔、开始时间等），或者提供专门操作所需的信息（如 ROTATE 命令中用到的分量方位），还有一些头段内容 SAC2000 根本不使用，它们仅仅提供说明。SAC 数据文件包括其所有头段信息，可以由用户程序和 SAC2000 命令读写，详见"SAC 用户手册"。

LISTHDR 命令显示当前内存中数据文件的头段内容。不妨看看前面例子生成的地震图的数据文件的头段：

FUNCGEN SEISMOGRAM
LISTHDR

如果数据文件中的某个头段变量没有值，这种变量对该文件而言就是"未定义"变量。LISTHDR 命令不列出未定义的头段变量，除非它涉及 INCLUSIVE（缩写为 INC）选项。

下面列出最重要的头段变量①：

---

① 每个头段变量在"SAC 用户手册"中都有说明。

NPTS　数据集中记录点数；
B　自变量的开始值；
E　自变量的结束值；
IFTYPE　文件类型；
LEVEN　对于等间隔数据，此值为 TRUE（真）；
DELTA　等间隔采样的时间间隔；
IDEP　因变量类型；
KZDATE　字符型 GMT 基准日期；
KZTIME　字符型 GMT 基准时间；
A　初动到时（相对于基准时间的秒数）；
Tn　用户定义的时间读取标记，$n=0，1，\cdots，9$。

3.2.3 数据文件的读和写

1. READ 命令

SAC 命令只能对 SAC2000 工作内存中而不是磁盘上的数据进行操作。READ 命令可以将磁盘上的数据读入内存（最多可同时读入 100 个数据文件），只要不超过 SAC2000 工作内存（32 位下其上限一般是 100 万字节），文件可以任意大小①。READ 命令可以使用通配符将磁盘上文件名中含有相同字符的一组数据文件一次读入，当 READ 命令把数据读入后，当前内存即被刷新。READ 命令有一个 MORE 选项，可以使数据在读入内存时不冲掉前面的数据。

另有 READALPHA 命令可以直接将字符型数据文件读入内存，详见"SAC2000 命令参考手册"。

2. WRITE 命令

操作命令（如 ADD、DECIMATE 和 FFT）只是处理当前内存中的数据，并不修改磁盘上的文件，WRITE 命令可以随时将分析过程中处理过的数据写回磁盘，其 OVER 选项会覆盖磁盘上的原有文件，或者指定文件名创建新的数据文件。

3. 几个例子

下面举出几个使用 READ 和 WRITE 命令的例子。第一个例子把两个文件读入内存后，分别让各个文件中的数据点乘以一个常量，并将结果作为两个新文件写入磁盘中：

READ FILE1 FILE2
MUL 10 20
WRITE FILE3 FILE4

下面的例子将一个文件读入内存，用因子 5 对数据解样（即每 5 个数据点只取一个，同时进行抗混淆滤波），然后将结果用相同文件名写回磁盘：

READ FILE5
DECIMATE 5

---

① 文件数和 SAC2000 工作内存的大小均可以改变，只需要对源码做较小的修改并重新编译即可。

WRITE OVER

4. 数据文件举例

现在可以准备一些数据文件便于接下来的绘图使用，或者用它们试验本指南后面讨论的其他命令。如果找不到现成的 SAC 数据文件，不妨用 FUNCGEN 生成几个。例如：

FUNCGEN TRIANGLE NPTS 200 DELTA 1
WRITE FILE1
FUNCGEN BOXCAR
WRITE FILE2
FUNCGEN STEP
WRITE FILE3

这些结果保存为 SAC2000 工作目录中的 FILE1、FILE2 和 FILE3 三个文件，它们分别是三角形函数、方波函数和阶跃函数的数据，每个文件有 200 个数据点，采样率为 1 秒。注意，如果工作目录中已有同名文件，它们将被新生成的文件覆盖。

5. 一些实际地震数据的例子

除了上面的简单函数外，DATAGEN 命令可以生成实际的地震数据，给出 Livermore 台站的三次不同地震事件（一次地方震、一次近震和一次远震）的三分量地震记录。例如，用下述命令可以从地方震生成三个不同的垂直分量数据：

DATAGEN SUB LOCAL CAL.Z CAO.Z CDA.Z
WRITE FILE1 FILE2 FILE3

如果要生成单台记录的远震事件的三分量数据，可以输入以下命令：

DATAGEN SUB TELESEIS NYKL.Z NYKL.N NYKL.E
WRITE FILE1 FILE2 FILE3

这些地震事件（包括记录台网、文件长度和文件名等）信息，可在"SAC 命令参考手册"中关于 DATAGEN 命令的说明中找到。

3.2.4 结果显示

数据读入 SAC2000 内存后，可以用各种绘图命令以不同的方式在屏幕上显示。为每个图形显示命令精选的缺省值，可以使用户很方便地显示数据；在绘图前修改这些缺省值，还可以控制图形绘制的细节。

1. 绘图命令 PLOT

前面已经使用 PLOT 命令显示过一些数据文件，该命令每次绘制一个数据文件。SAC2000 在各文件显示之间暂停，让用户有机会检查数据。下面举例进行说明（其中用户输入内容用"u:"表示，SAC2000 响应信息用"s:"表示）：

u: READ FILE1 FILE2 FILE3	_读入 3 个文件
u: PLOT	_SAC2000 将第一个文件在终端上绘图
s: Waiting	_等待，看完图形以后回车
u: [return]	_SAC2000 绘制第二个文件
s: Waiting	_检查第二个图形
u: [return]	_最后一次绘图，SAC2000 不暂停

还有其他的响应，允许用户取消后面的绘图，或在查看图形的过程中不暂停。

2. 其他绘图命令

SAC2000 还提供其他绘图方式，PLOT1 命令能同时绘出所有的文件，各个图形共用同一个 x 轴，但用各自的 y 轴，上述例子中的三个文件可以用来验证一下。PLOT2 命令用叠加方式绘出全部文件，同时共用相同的 x 轴和 y 轴。PLOTPK 与 PLOT1 的绘图方式相似，它允许用户用光标来放大一部分图形，读取所选数据点的值，以及读取震相到时等。

3. 绘图选项

缺省时 SAC2000 按自动比例尺绘图，确定 x 轴和 y 轴的大小。用户可以用 XLIM 和 YLIM 命令自行设置这些尺寸。根据需要，用户还可以改变坐标轴的位置，改变线型，选择数据点的图符，更改标题和标签，创建对数绘图，改变文本尺寸和类型，以及控制其他更多的图形外观。这些命令是图形环境模块的一部分，它们在"SAC 用户手册"中进行描述，并且在"SAC 命令参考手册"中进行详细解释。

3.2.5 其他功能

SAC2000 不仅仅用于读、写和绘制数据文件，它还有更多的功能，下面简要讨论 SAC2000 的一些分析功能。

1. 滤波

FFT 和 IFFT 命令对时间序列数据做傅氏变换和傅氏反变换；LOWPASS、HIGHPASS、BANDPASS 和 BANDREJ 是一组无限脉冲响应（IIR）滤波器，提供了巴特沃思、贝赛尔和切比雪夫Ⅰ型或Ⅱ型滤波器；WIENER 是自适应维纳滤波器。FIR 是有限脉冲响应滤波器；DECIMATE 是数据解样（即数据每隔几点抽取一点）并提供了抗混淆低通滤波器；UNWRAP 命令计算振幅谱和展开相位谱。

2. 一元和二元运算

用 ADD 命令可以将文件中的每个数据点加上一个常量，这在 SAC2000 中称为一元运算，其他一元运算的命令还有 SUB、MUL、DIV、SQR、SORT、EXP 和 LOG 等；也可以用 ADDF 命令将两个数据文件求和，SAC2000 中称之为二元运算，其他二元运算的命令还有 SUBF、MULF、DIVF 和 MERGE 等。

3. 校正信号

还有一些命令用来校正或修改地震信号，如 RQ 从频谱数据中去掉品质因子 Q 的影响，RTM、RTREND 和 RMEAN 分别从时间序列数据中去掉时间标志、线性趋势和平均值；TAPER 使每个数据对称过渡到零（灭尖点）；ROTATE 将一对数据分量在其分量平面上旋转一定的角度。

4. 震相读取

APK 提供了数据中地震事件的自动读取的算法，其输出可以写入 HYPO 格式的磁盘文件或更为一般的字符数字型震相读取文件，PLOTPK 也可以用于读取震相并将震相信息写到有关文件。

这里仅是 SAC2000 分析功能的部分内容，而且其分析功能也在不断发展，关于 SAC2000 功能的全面描述在"SAC 用户手册"中给出，每个命令在"SAC 命令参考手册"中有详细说明。

§3.3 SAC2000 的分析功能

SAC2000 从逻辑上可以分成不同的功能模块,每个功能模块执行一组相关的任务。本节简单描述组成这些模块的命令,尽管大部分命令都有简写形式(见"SAC 命令参考手册"),但在描述这些命令时还是使用命令全名。

3.3.1 执行功能模块

在成功启动 SAC2000 后,可使用 QUIT 命令退出,END、EXIT 和 DONE 命令具有相同的作用。

FUNCGEN 命令在内存中产生各种函数,它对于测试其他命令的已知功能非常有用。DATAGEN 命令将三个地震(包括近震、地方震和远震)的实例数据读入内存。这样,用户在将自己的数据转换成 SAC 格式时,可以先用这些真实的地震数据做些练习。

用于输出 SAC2000 信息的几个命令是:NEWS 命令显示 SAC2000 最新版本的一般信息;HELP 和 SYNTAX 命令提示某个命令的具体信息;REPORT 命令报告主要参数的当前值。

SAC2000 提供了强大的宏命令功能,用户可以把一组 SAC 命令放入一个宏文件中执行(后面章节有宏的详细说明)。可以定义参数及其缺省值、执行简单算术运算、临时存取信息,以及控制执行流程的条件语句和循环语句。

MACRO 命令用以执行宏;SETMACRO 命令定义宏文件的查找路径;INSTALLMACRO 命令使系统上的其他人也能使用某个宏命令。用户可以用 SETBB 和 GETBB 命令分别保存和取回"暂存块"信息,用 EVALUATE 命令对暂存块进行算术运算;通过 WRITEBBF 和 READBBF 命令实现从暂存块到磁盘文件的存储与读取。其他有用的宏命令还包括:发送消息到终端(MESSAGE)、宏文件中命令的终端回显(ECHO)和暂停执行宏命令(PAUSE)。

TRACE 命令使 SAC2000 可以追踪头段和暂存块变量,随时在屏幕上显示它们的改变情况。TRANSCRIPT 命令可以控制 SAC2000 的文本记录功能,保存命令、出错信息、警告以及其他输出到文本文件。COMCOR 用以改正 SAC 命令,如果设置此选项,当 SAC2000 检测到命令执行出错时,允许用户改正该命令并继续执行。CD 命令可以改变 SAC2000 的当前工作目录。

用户还可以用 Fortran 和 C 程序写自己的 SAC 命令并加载到 SAC2000 系统,以后就可以像 SAC 自身命令一样执行。

最后要说的是,用户可在 SAC2000 运行中执行操作系统命令(SYSTEMCOMMAND);以及重新初始化 SAC2000 系统有关参数至缺省状态(INICM)。

3.3.2 数据文件模块

这个模块用于 SAC 数据文件读、写和访问。READ 从磁盘读取数据文件到内存,WRITE 将当前内存中的数据写入磁盘。CUT 设定读取数据文件的多少。READERR 控制读取文件中产生的错误。CUTERR 控制由于不正确截取参数引起的错误。

每个数据文件有一个头段来说明其内容,在不涉及数据本身时,可使用 READHDR

和 WRITEHDR 单独对头段进行读、写；也可列出头段的内容（LISTHDR），改变头段值（CHNHDR），以及在内存中将头段值从一个文件拷贝到另一个文件（COPYHDR）。SYNCHRONIZE 命令改变内存中的头段值，使不同的记录基于相同的时间基准；若文件的基准时间不同，用户必须首先使用此命令，然后再使用 CUT 命令。

用 READALPHA 可以直接读取几乎任意一个字符型数据文件到 SAC2000，数据文件读取命令还允许使用通配符，便于读取包含某些典型字符的一组文件。WILD 命令控制文件扩展名中特定的通配符信息。

SAC 数据文件以二进制的格式存储，以便快速读写，与此二进制格式相对应，SAC 数据文件也有相应的字母格式。CONVERT 命令可用于二进制与字母格式之间的转换，有利于把 SAC 数据文件从一种类型转换到其他类型的计算机上。

3.3.3 谱分析模块

用户可以对某信号进行离散傅氏变换（FFT）及其反变换（IFFT），用 UNWRAP 命令计算信号的振幅和展开相位，其执行基于 Trbolet 算法。

SAC2000 提供了一系列无限脉冲响应滤波器（BANDPASS、BANDREJ、LOWPASS 和 HIGHPASS）、有限脉冲响应滤波器（FIR）、自适应维纳滤波器（WIENER）以及 LLNL 中使用的两个特殊滤波器（BENIOFF 和 KHRONHITE）、CORRELATE 计算信号的自相关和互相关函数。

FFT 和 UNWRAP 命令在内存产生的频谱数据，可以在屏幕上绘图（PLOTSP）输出，以"正常的"数据方式写入磁盘（WRITESP），随后可以再把它读回（READSP）；还可在频域内直接以时间为自变量进行积分（除以 $i\omega$，DIVOMEGA）和微分（乘以 $i\omega$，MULOMEGA）。

3.3.4 一元运算模块

本模块完成内存中每个信号数据点的算术运算。例如，可以对原始数据加（ADD）、减（SUB）、乘（MUL）或除（DIV）一个常数，求每个数据点的平方（SQR）、平方根（SQRT）或绝对值（ABS）；可以求每个数据点的自然对数（LOG）或以 10 为底的常用对数（LOG10），计算每个数据点的指数（EXP）或以 10 为底的指数（EXP10）；还可以进行积分（INT）和微分（DIF）运算。

3.3.5 二元运算模块

这一模块完成一对数据文件之间的运算。MERGE 把一系列文件在内存中合并（连接）起来，ADDF 把在内存中的当前数据加上数据文件集的数据，SUBF 减去数据文件集的数据，MULF 乘以数据文件集的数据，DIVF 除以数据文件集的数据。BINOPERR 控制在二元运算中发生的错误。

3.3.6 信号校正模块

此模块完成一定的信号校正操作。RQ 从频谱数据中移去地震 Q 值，RTREND 和 RMEAN 分别移去数据的线性趋势和平均值。RGLITCHES 除去信号中的毛刺和时间标志。TAPER 使数据对称地光滑过渡到零而 SMOOTH 则提供了算术平滑算法。STRETCH 可对数据进行内插处理，包括可选的 FIR 滤波内插，DECIMATE 则对数据进行再采样，包括选择抗混淆 FIR 滤波。

用 INTERPOLATE 命令可以添改等间隔或不等间隔数据，使之具有新的采样间隔。LINEFIT 对内存进行最优直线拟合并将结果写入头段变量；QUANTIZE 实现连续数据的离散化；REVERSE 倒置数据点的排列顺序。最后，还可以使用 ROTATE 命令对一对数据分量按一定角度进行转动。

3.3.7 事件分析模块

这个模块用于提取震相。使用 APK 可以自动读取震相，PPK 利用图形光标读取震相。读取的震相可以保存为 HYPO 格式（分别用 OHPF 和 CHPF 命令打开和关闭 HYPO 文件），也可以保存为更一般的文本格式（用 OAPF 和 CAPF 打开和关闭）。另外，读取的震相还可以保存在数据头段中。

3.3.8 信号测量模块

这些命令可以测量和"标识"所选内存数据的属性。这些标志存储在数据头段中。MARKTIMES 根据速度集使用走时来标记内存数据，MARKPTP 测量和标记振幅的最大峰值，MARKVALUE 查找和标记信号中给定的数值。MTW 设置"测量时间窗"选项，当这个选项打开时，仅在这个窗口内进行测量。其他情况下则测量全部的信号。MTW 仅应用于 MARKPTP 和 MARKVALUE 命令。

3.3.9 仪器校正模块

这个模块目前仅包含 TRANSFER 命令。TRANSFER 通过反褶积去掉一种仪器响应，该响应按褶积加到另一种仪器响应上。SAC2000 中预设了 40 多种仪器的响应函数。一般仪器响应也可以通过其传递函数的零点和极点值进行定义。

3.3.10 三维数据处理模块

本模块中命令的输出结果是建立在两个定义域上的函数。SPECTROGRAM 用内存中所有数据计算频谱图；GRAYSCALE 输出内存数据的灰度图像；CONTOUR 输出内存数据的等值线图；ZLEVELS 设置后面的等值线图中的等值线间隔；ZLINES 设置后面的等值线图中的等值线线型；ZTICKS 用方向标识标注等值线；ZLABELS 用等值线的值标注等值线；ZCOLORS 设置等值线的显示颜色；IMAGE 输出内存数据的彩色图像；SONOGRAM 计算同一幅频谱图的两个平滑结果差值的频谱图。

3.3.11 频-波谱分析模块

本模块中的大多数命令提供了从一组地震图中提取波形参数的算法。ARRAYMAP 根据内存中所有文件输出一幅阵列或联合阵列图；BBFK 根据内存中所有文件计算宽频带频率-波数（FK）谱估计。

3.3.12 子过程

一个子过程就像 SAC2000 大程序里的一个小程序。它在许多方面像 SAC2000 一样工作，不同之处是它不能镶在主程序中运行。一旦启动某个子过程，只有该子过程中的命令和 SAC2000 主程序中选定的一组命令可以执行，提示符变成子过程名。使用 QUITSUB 命令可返回 SAC 主过程，而用 QUIT 命令则可直接终止 SAC2000。

1. 谱估计子过程

这个子过程用于研究平稳随机过程（如噪声）。其中提供了三种频谱估计技术：最大熵谱方法、极大似然方法和功率密度谱方法。

2. 信号叠加子过程

这个子过程通过延时（静态或动态延时）来进行信号叠加。子过程提供了两种速度模型。信号可分别加权，走时可以计算或从文件读取得到。绘制剖面也是此子过程的一部分。

除了上述功能外，还有神经网络模块、Matlab 模块等，有兴趣的读者可以参考 SAC2000 网站。

§3.4 SAC2000 的绘图功能

本节描述 SAC2000 系统当前支持的图形设备，并简述图形功能各模块的有关命令。

3.4.1 图形设备

SAC2000 目前支持的图形"设备"有三种：

第一种是 SGF，代表了很多实际物理设备的一个通用图形驱动；第二种是 XWINDOWS，运行在大多数的高分辨率的位图图形工作站上的一种窗口系统；第三种是 SUNWINDOWS，曾经在 SUN 和 SunOS 4.X 系统上运行的一种窗口系统。

下面是每种设备的详细描述：

SGF 是 SAC 图形文件（SAC Graphics File）的缩写。一个 SAC 图形文件包含在任何图形设备上绘制一幅图所需要的全部信息。每幅图都以独立文件存储（使用现代计算机术语，将其称作图形"中间文件"），这类文件以"Fnnn.SGF"形式命名，其中"nnn"是从"001"开始的绘图编号。通过 SGF 命令可以设置这类文件名的某些特征。通过程序可将这些文件显示在终端上，合并成一个文件，或输出文本文件进行调试。SAC2000 同时提供了格式转换程序，以便将这类文件转换到特定图形设备上，如 Apple 的激光打印机、Houston 出口的笔式绘图仪等。有些处理 SGF 文件的程序基于 SAC2000 以二进制格式或者以 utils 目录发布，创建一个转换程序相当容易，这些程序和 SGF 文件格式在"SGF 用户手册"中有描述。

XWINDOWS（或简称 X）是工业财团 Athena 资助 MIT 开发的一个窗口项目，X 采用所谓网络模式，由单进程或服务器控制屏幕显示。当需要修改部分屏幕时，其他程序向该服务器发送请求。X 在图形工作站领域得到迅速而广泛的应用，是基于窗口的具有可移植性的研发应用的最好架构之一。

SUNWINDOWS 是 SunOS 4.X 平台的窗口系统。

有些系统可能与此处所列型号、类型和图形设备名不同，可以向系统管理员核对或使用 REPORT DEVICES 命令来确认这些设备类型。需要说明的是，上述每个"设备"都包含自己的一系列屏幕控制程序，两个不同的窗口系统没有可比性，用户每次必须在其中一种设备下运行。基于 SAC 图形库的图形显示速度在两种窗口系统下并没有明显不同。

3.4.2 图形控制模块

这些命令控制设备的选择和屏幕显示的某些方面。BEGINDEVICES 选择一个或多个图形设备，ENDDEVICES 取消对图形设备的选择，ERASE 抹去图形显示区域，VSPACE 控制绘图最大尺寸和形状，SGF 控制 SAC 图形文件设备的特定选项。

3.4.3 图形绘制模块

这个模块的命令用来输出各种形式的图形。PLOT 在图形区分别绘制内存中的每个信号；PLOT1 在图形区以相同的 x 轴和各自的 y 轴绘制一组信号，PLOT2 在图形区以相同的 x 轴和 y 轴绘制一组信号（即图形重叠绘制）；PLOTPK 绘制图形用以提取到时、震相，该命令类似于 PLOT1，使用光标进行震相读取，并可将结果写入数据头段，也可以写入 HYPO 格式数据文件（OHPF）或文本格式文件（OAPF）；PLOTPM 针对一对信号绘制"质点运动"图。

FILEID 设置文件标识的显示，而 FILENUMBER 设置显示在图侧的文件号；PICKS 设置到时标识的显示，SETDEVICE 选择缺省的图形设备。

PLOTC 注释 SAC 所绘图形并生成图件（要用光标），PLOTALPHA 把磁盘上的字符型数据文件读入内存并在当前输出设备上绘制其图形。

PLOTDY 用误差条生成一个图形，PLOTXY 以一个数据文件为自变量，以其余一个或多个数据文件为因变量绘图。

3.4.4 图形环境模块

组成本模块的命令主要用于参数设定，控制图形绘制模块的所绘图形的各个部分。

XLIM 和 YLIM 控制 x 轴和 y 轴的绘图极限，XVPORT 和 YVPORT 控制所绘图形在绘图区的位置。用户可以指定图形的标题（TITLE）、x 轴和 y 轴的轴标（XLABEL 和 YLABEL），以及一组的普通标符（PLABEL）。

控制数据显示的命令有：LINE 控制线型、SYMBOL 设置绘图所用的标记符、COLOR 设置绘图颜色。GTEXT 控制绘图所用的文本字形和字体，TSIZE 控制文本字号。

在多窗口工作站上，可利用 WINDOW 命令设置图形窗口的位置和形状，用 BEGINWINDOW 指定绘图窗口。BEGINFRAME 可以关闭图形之间的框架自动更新，ENDFRAME 恢复框架自动刷新，结合使用其他图形设置（特别是 XVPORT 和 YVPORT），这两条命令可以生成非常复杂的图形。

XLIN 和 XLOG 设置 x 轴的线性和对数缩放，YLIN 和 YLOG 则对应于 y 轴。也可以用 LINLIN、LINLOG、LOGLIN 和 LOGLOG 命令将两个坐标轴一次设定。XDIV 和 YDIV 控制需要标注的刻度间的距离，XFUDGE 和 YFUDGE 改变两个坐标轴的最小刻画。AXES 和 TICKS 控制轴标和时标位置。GRID 和 BORDER 控制网格线和边框。XGRID 和 YGRID 两个命令分别控制不同轴的网格。

控制显示对数坐标轴的命令有：XFULL 和 YFULL 控制以 10 为底的全对数绘图，LOGLAB 控制幂次方标度，FLOOR 设置对数比例数据最小值。

还有，WAIT 设置 SAC2000 在绘图期间是否暂停。WIDTH 设置图形输出设备上线条粗细。NULL 控制数据空值绘图。

最后，QDP 命令控制"快速草绘"选项，请在"命令参考手册"中查阅此条。

§3.5 SAC2000 宏命令

在 SAC 下，如果用户需要反复执行一系列命令，就可以把它们写入文本文件，建立"宏"（macro）文件，执行时，只要在 SAC 下用 MACRO 命令带上该宏文件名即可。

例如，用户需要反复读取三个相同的文件，每个文件乘以不同的值后作傅氏变换，并绘制振幅响应到一组 SAC 图形文件中。这些命令就可以放在宏文件中，内容如下：

 * This certainly is a simple little macro.
 READ *ABC DEF XYZ*
 MUL 4 8 9
 FFT
 BG SGF
 PSP AM

不妨命名此宏文件为 *MYSTUFF*，把它置于数据文件所在的当前目录中，这样，在 SAC2000 下输入：

 u: MACRO *MYSTUFF*

即可执行这个宏，从而完成原来一组命令才能完成的任务。需要说明的是，执行宏文件中的命令时，通常不会在终端回显；如果需要，可用命令

 ECHO ON

打开命令回显开关。另外，本例中宏文件的第一行加星号（"*"）为注释行，SAC2000 不作处理。

3.5.1 宏的参数

前面的例子通过宏文件集成了一系列命令，使用户可以很方便地反复执行，但如果用户希望读取不同文件组，或者乘以其他数值时，必须修改文件。其实，在创建宏文件时，参与运算的数值、供读写的数据文件均可用形式参数实现，这样在执行宏时通过输入实际参数，可以大大增加宏的灵活性。

1. 一般参数

在前面例子中，如果将文件名作为形式参数，可以写成：

 READ $1 $2 $3
 MUL 4 8 9
 FFT
 BG SGF
 PSP AM

其中美元符号（"$"）用于定义宏文件的形式参数，$1 是第一个参数，$2 是第二个参数，$3 是第三个参数，依次类推。在 SAC2000 下执行修改后的宏，键入：

 u: MACRO *MYSTUFF ABC DEF XYZ*

此时标号"ABC"替代文件中的所有"$1"，而"DEF"和"XYZ"分别代替"$2"和

"$3"。用同一个宏处理不同文件组时，只需改变输入参数命令即可：

　　u：MACRO *MYSTUFF AAA BBB CCC*

　2. 关键词驱动参数

　　关键词驱动参数允许用户以任意次序输入参数，同时使宏文件更易理解，随着参数个数和宏文件命令的增加，这一点会变得越来越重要。修改前面的例子以便接受文件表和乘数表：$KEYS FILES VALUES

　　　READ $FILES
　　　MUL $VALUES
　　　FFT
　　　BG SGF
　　　PSP AM

这个简单的变化同时增加了宏文件的灵活性和可读性，第一行说明有两个关键词，其中一个叫"FILES"，另一个叫"VALUES"。执行它要输入：

　　u：MACRO *MYSTUFF* FILES ABC DEF XYZ VALUES 4 8 9

因为参数次序不再重要，你也可键入：

　　u：MACRO *MYSTUFF* VALUES 4 8 9 FILES ABC DEF XYZ

这个宏并不仅限于读取三个文件，只要输入的文件数与乘数的个数相匹配，对两个甚至10个文件，都能同样处理。

　3. 缺省参数值

　　有时在多次执行一个宏文件时，一些参数经常（但不总是）具有相同的取值。提供参数缺省值后，每次操作便不再需要反复输入相同的值，但都允许在需要时灵活修改这些值。这一点可由下面的例子得到说明：

　　　$KEYS FILES VALUES
　　　$DEFAULT VALUES 4 8 9
　　　READ $FILES
　　　MUL $VALUES
　　　FFT
　　　BG SGF
　　　PSP AM

这个宏第二行特别指定了缺省值，用于置换变量"VALUES"，如果在执行行不输入其值，那么它就取其缺省值：

　　u：MACRO MYSTUFF FILES ABC DEF XYZ

也可使用不同参数值，例如：

　　u：MACRO MYSTUFF VALUES 10 12 3 FILES ABC DEF XYZ

如果在执行宏文件时忘记输入所必需的参数值，而它又没有缺省值，SAC2000将要求在终端输入参数值。例如：

　　u：MACRO MYSTUFF
　　s：FILES？
　　u：ABC DEF XYZ

3.5.2 暂存块变量和头段变量

同普通命令和内嵌函数一样，SAC 宏文件可以涉及 SAC 头段变量和暂存块变量的赋值并将它们代入执行命令。

1. 暂存块变量

暂存块（Blackboard）是 SAC2000 设计的一个重要功能，方便用户临时存取某些信息。它由暂存块名称及其值组成。命令 SETBB 和 EVALUATE 可以创建一个暂存块，命令 GETBB 可以得到所建暂存块变量的值。在变量名前冠以百分号（%），用户就可以通过其他命令置换暂存块变量的值，如下所示：

    u: SETBB C1 2.45
    u: SETBB C2 4.94
    u: BANDPASS CORNERS %C1 %C2

现在还以最初的例子为例，看看在宏中如何使用暂存块变量。假定只有第一个值是变量，而其他值可以由第一个值计算得到，如下所示：

    $KEYS FILES VALUE1
    $DEFAULT VALUE1 4
    READ $FILES
    EVALUATE TO VALUE2 $VALUE1 * 2
    EVALUATE TO VALUE3 %VALUE2 + 1
    MUL $VALUE1 %VALUE2 %VALUE3
    FFT
    BG SGF
    PSP AM

接下来，如果第一个值不等于缺省值，在执行该宏时就要输入它：

    u: MACRO MYSTUFF VALUE1 6 FILES ABC DEF XYZ

2. 头段变量

在指定文件（用文件名或数值表示的文件号）和要赋值的变量后，SAC 命令亦可直接对头段变量赋值和替换，处理时用和号（"&"）引用文件，并在文件和变量之间用逗号分开，如下所示：

    u: READ ABC
    u: EVALUATE TO TEMP1 &ABC, A + 10
    u: EVALUATE TO TEMP2 &1, DEPMAX * 2
    u: CHNHDR T5 %TEMP1
    u: CHNHDR USER0 %TEMP2

上例中，读入一个文件并使用文件本身的头段变量计算出几个临时中间变量。第一个头段用文件名进行引用，第二个头段用文件号进行引用。然后，使用暂存块变量定义新的头段变量。

3. 变量名称连接

宏参数、暂存块变量或头段变量前后可以添加另外的字符串，在前面添加只需在字符串后粘连参数或变量，而在其后添加时，必须在参数或变量之后、字符串之前加上原分隔

符($、%或&)。以下几个例子清楚地说明了变量名称是如何连接的:

(1) 假定宏参数 STATION 的值是"ABC",则"$STATION$.Z"将其值变成"ABC.Z"。

(2) 假定暂存块变量 TEMP 的值是"ABC",则"XYZ%TEMP"将其值变成"XYZABC",而"%TEMP%XYZ"则将其值变成"ABCXYZ"。

(3) 假定文件 Z 头段变量 KA 的值是"IPU0",则"(&Z,KA&)"将其值变成为"(IPU0)"。

4. 转义符

有时候,命令中必须使用"$"或"%",为了防止 SAC2000 把它们作为输入的宏参数或暂存块变量处理,可以通过在这类特殊符号前冠以另外的特殊符号(称为转义符)"@"实现。需要按此方法处理的特殊符号主要有:

$:宏参数扩展字符。
%:暂存块变量扩展字符。
&:头段变量扩展字符。
@:转义符本身。
(:内嵌函数开始符。
):内嵌函数终止符。

关于更多的内嵌函数分隔符参见下节。

3.5.3 宏的嵌套、暂停与恢复

通过宏来调用另外的宏,即是常说的"嵌套"。当一个宏调用另一个宏时,第二个宏被称为在新(低)层次上的执行操作,最高层次的执行总可以在终端上进行交互输入。SAC 提供嵌套能力,但不提供递归能力,也就是说,一个宏不允许调用它自身。现行版本最多可以有 5 层嵌套。需要强调指出,SAC2000 不检查宏是否递归调用,这就需要用户负责,确保每个宏都没有直接或间接调用自己。

SAC 的暂停($TERMINAL)和恢复($RESUME)语句让用户可以在宏执行中临时中断,转入终端输入,然后继续执行。当 SAC2000 在宏中遇见 $TERMINAL 命令时,它将临时停止继续从宏中读入命令,并改变提示符为宏的名字,提示用户从终端输入命令;而当 SAC2000 遇见从终端输入的 $RESUME 时,便停止从终端读入命令,继续执行宏中 $TERMINAL 之后的下一行命令。如果用户不想继续执行宏中的其余命令,可以在终端键入 $KILL,这样 SAC 将关闭宏文件返回最初的执行层,转入正常的从终端输入交互命令状态。在一个宏中可以有不止一个 $TERMINAL 命令行。

3.5.4 条件语句和循环语句

宏命令中提供了类似程序设计语言中的"条件语句"和"循环语句"结构,用以控制和改变宏文件中命令运行的次序。

1. 条件语句

要改变宏文件中命令执行的顺序,可以通过条件判断语句实现,其句法与 FORTRAN 77 的 if-then-else 语句相似但不是完全相同:

IF *expr*

```
    commands
    ELSEIF expr
    commands
    ELSE
    commands
    ENDIF
```

其中 *expr* 表示逻辑表达式，其形式为：

```
    token op token
```

这里 *token* 是常量、宏参数、暂存块变量或头段变量，op 是下面逻辑运算符之一：

```
    GT, GE, LE, LT, EQ, NE
```

在求逻辑运算表达式的值之前，*token* 都要转换成浮点数，现行版本条件语句段最多可以嵌套 10 层，分支结构 ELSEIF 和 ELSE 在条件语句段中是可选项，其中 ELSEIF 分支的个数没有限制。注意与 FORTRAN 77 不同的是，这里的逻辑表达式没有用圆括号括起来，而且在 IF 和 ELSEIF 后也没有 THEN。

2. 循环语句

循环语句可以很方便地实现一系列命令的重复执行，或是通过遍历元素列表固定重复次数，或者重复执行直至满足某个条件。你也能够中断（不到执行结束）一个循环。下面说明这组句法：

```
    DO variable = start, stop {, increment}
    commands
    ENDDO
    DO variable FROM start TO stop {BY increment}
    commands
    ENDDO
    DO variable LIST entrylist
    commands
    ENDDO
    DO variable WILD {DIR name} entrylist
    commands
    ENDDO
    WHILE expr
    commands
    ENDDO
    BREAK
```

variable 是循环变量名。执行循环时它的当前值可作为宏参数存储，并且可在它的名字前冠以美元符号（$）用于循环体（即命令）中。

start 是循环变量的开始值，它必须是一个整型数。

stop 是循环变量的终止值，它也必须是一个整型数。

increment 是循环变量的增值选项，如果忽略它，则缺省值设为 1。

entrylist 是步长不限的循环变量的列表。

它们可能是整数、浮点数或字符串。在 DO WILD 语句中，*entrylist* 由同时包含普通字符和通配符的字符串组成。执行循环前，这个列表扩展为与字符串相应的一系列文件。*expr* 是逻辑表达式，与条件测试一节说明的一样。

现行版本循环嵌套的最多层次是 10 层。

3. 在 SAC 宏中执行其他程序

需要时，SAC 宏内也能执行其他程序。用户可以向程序传递一个可选择的命令。如果程序是交互的，还可以向它输入信息。下面给出这个语句的形式：

RUN *program* {*message*}
{*inputlines*}
ENDRUN

宏参数、暂存块变量、头段变量和内嵌函数都能用于上述语句。在这个程序执行之前，它们要全部代入计算。这个程序完成后，ENDRUN 行后的 SAC 宏再继续执行。

3.5.5 宏搜索路径

当用户需要一个宏时，SAC2000 用如下方式查找：
（1） 在当前目录中；
（2） 在 SETMACRO 命令指定的目录中；
（3） 在由 SAC2000 运行管理的全局宏目录中。

全局宏目录中的宏供系统上所有人使用，INSTALLMACRO 命令可将宏安装到该目录中，不在搜索路径中的宏，需要指定其绝对或相对路径。

如果在 SAC 执行行上输入一个宏的名字，在提示用户输入前，SAC 将自动执行这个宏文件中的命令。若宏带参数，它们要放在宏名字之后。如果要执行的宏不在当前目录中，用户必须指明它的全路径。

§3.6 内嵌函数

内嵌函数作为一种函数需用圆括号括起来置于 SAC 的一般命令中，在 SAC 命令执行前，首先计算内嵌函数，并用计算结果代替 SAC 命令中的函数。内嵌函数可在其内部插入其他内嵌函数，称为嵌套，目前嵌套的限制是 10 层，宏参数、暂存块变量和头段变量都可以用作内嵌函数的参数，它们插入内嵌函数的句法与常规 SAC 命令的句法相同。

SAC2000 的内嵌函数可分为三大类：
（1） 内部算术函数，以数字开头，具有变量表中的函数名。
（2） 常规算术函数，以函数名开始，随后是零或多个参数。
（3） 字符串操作处理函数，以函数名开始，零或多个参数尾随其后。

3.6.1 内部算术函数

内部算术函数极似（但不等同于）FORTRAN 算术运算语句中等号右侧的表达式，其一般形式是：（数字运算符数字……），其中的数字就是一般的数值，运算符就是下列算术运算符之一：

$$+, -, *, /, **$$

下面是一个简单的例子：

u：SETBB A (4+ 7/3)

s：==>SETBB A 3.666667

注意，只要发现命令中有内嵌函数，SAC2000 总会首先计算并在终端显示处理后的命令行，方便用户检查实际执行的命令；这个例子同时也说明内嵌函数与 FORTRAN 语句间有两点不同：

①所有数值都按实型数处理，全部计算以浮点数进行。

②运算符没有优先级，计算从左到右依次完成。

在上面的例子中，实型数 4.0 和 7.0 先加在一起，之后再除以实型数 3.0，从而得到结果。插入嵌套函数也可实现计算的不同次序：

u：SETBB A (4+ (7/3))

s：==>SETBB A 6.333333

这个例子先完成除法，也要注意加号与第二个左括号之间的空格，为了 SAC 进行正确的命令句法分析，这是必要的。为了避免混淆，一般说来，一个聪明的做法是在所有参数、操作符和嵌入的圆括号周围都加上空格。

3.6.2 常规算术运算函数

目前有 20 条算术运算函数可供使用，它们对应于 EVALUAE 命令中的算术运算函数。表 3-1 给出了每个函数的说明，后面举出一些例子。

表 3-1	算术运算函数
ADD	SUBTRACT
句法：(**ADD** v1 v2 ⋯ vn)	句法：(**SUB**TRACT v1 v2 ⋯vn)
作用：一组数据相加（求和）	作用：一组数据相减
MULTIPLY	DIVIDE
句法：(**MULTIPLY** v1 v2⋯vn)	句法：(**DIV**IDE v1 v2⋯vn)
作用：一组数据相乘	作用：一组数据相除
SQRT	POWER
句法：(**SQRT** v)	句法：(**POW**ER v)
作用：求一个数据的平方根	作用：一个数据取其 10 次幂
EXP	PI
句法：(**EXP** v)	句法：(**PI** v)
作用：求一个数据（自然数）的幂	作用：返回 π 值
ALOG	ALOG10
句法：(**ALOG** v)	句法：(**ALOG10** v)
作用：求一个数据的自然对数	作用：求一个数据 10 为底的常用对数
SINE	ARCSINE
句法：(**SINE** v)	句法：(**ARCSINE** v)
作用：求一个数据的正弦函数值	作用：求一个数据的反正弦函数值

续表

COSINE	ARCCOSINE
句法：(*COS*INE v)	句法：(*ARCCOS*INE v)
作用：求一个数据的余弦函数值	作用：求一个数据的反余弦函数值
TANGENT	ARCTANGENT
句法：(*TAN*GENT v)	句法：(*ARCTAN*GENT v)
作用：求一个数据的正切函数值	作用：求一个数据的反正切函数值
INTEGER	ABSOLUTE
句法：(*INT*EGER v)	句法：(*ABS*OLUTE v)
作用：将一个数据转换到整数值	作用：取一个数据的绝对值
MINIMUM	MAXIMUM
句法：(*MIN*IMUM v1 v2 ⋯ vn)	句法：(*MAX*IMUM v1 v2 ⋯ vn)
作用：求一组数据的最小值	作用：求一组数据的最大值

请看几个例子。归一化数据文件，使其最大数据的绝对值是单位1。

  u：READ FILE1 FILE2 FILE3 FILE4

  u：SETBB A（MAX &1，DEPMAX &2，DEPMAX &3，DEPMAX &4，DEPMAX）

  s：==>SETBB A 1.87324

  u：SETBB B（MIN &1，DEPMIN &2，DEPMIN &3，DEPMIN &4，DEPMIN）

  s：==>SETBB B -2.123371

  u：DIV（MAX % A（ABS % B））

  s：==>DIV 2.123371

仅仅通过内嵌函数的合适的嵌套处理，这里的操作也可以使用单步命令执行，而不需要使用中间的暂存块变量，但是上面给出的实例具有更多的可读性。下一个例子，我们需要计算一个角度的正切值，该角度以度为单位，已经存储在暂存块中：

  u：GETBB ANGLE

  s：ANGLE=45.0

  u：SETBB VALUE（TAN（DIVIDE（MULTIPLY（PI）% ANGLE%）180.））

  s：==>SETBB VALUE 1.00000

把函数名作为函数开始的标记（称为词头符号），使 SAC 容易对函数进行句法分析。在一些情况下，特别是算术运算的情况下，函数通常难以读懂。我们可以以更常用的方式重写一个例子，以混用常规算术函数和内部算术函数：

  u：SETBB VALUE（TAN（（PI）* % ANGLE/180.））

  s：==>SETBB VALUE 1.00000

思考一下，为什么 ANGLE 之后在第一个例子中需要百分号，而在第二个例子中却不需要这个百分号？

  现在仅有一个杂类计算函数，即 GETTIME，它给出依一定条件查询到的第一个数据点相对于文件开始时间的时间（以秒为单位）。

  句法：(GETTIME MAX | MIN [value])

  目的：得到第一个文件中数值为 *value* 的数据点的时间（以秒为单位），如果没有指定 *value* 值，MAX 为文件中第一个大于或等于 DEPMAX 的数据值点的时间；MIN 为文件中第一个小于或等于 DEPMIN 的数据值点的时间。指定 *value* 值是为了控制正在要查找的数据点的数值。

请看一些例子。得到文件 FILE1 的第一个大于或等于文件的最大振幅值的数据点的时间秒数：

　　u：READ FILE1 FILE2 FILE3 FILE4

　　u：SETBB MAXTIME (GETTIME MAX)

　　s：==>SETBB MAXTIME 41.87

该文件第一个大于或等于文件中最大振幅值的数据点在 41.87 秒处。得到第一个数据值小于或等于 123.45 的数据点的时间：

　　u：SETBB VALUETIME (GETTIME MIN 123.45)

　　s：==>SETBB VALUETIME 37.9

在这个文件中第一个数据值小于或等于 123.45 的数据点在 37.9 秒处。

3.6.3 字符串函数

目前共有 7 个字符串处理函数，见表 3-2。下面说明每个函数，最后给出一些例子。

表 3-2　　　　　　　　　　　字符串处理函数

函数	说明
CHANGE	句法：(*CHA*NGE s1 s2 s3) 目的：在第三个字符串（s3）中，用字符串（s1）代替字符串（s2）
DELETE	句法：(*DEL*ETE s1 s2) 目的：删除字符串（s2）中的字符串（s1）
BEFORE	句法：(*BEF*ORE s1 s2) 目的：得到字符串（s2）中字符串（s1）之前的一部分字符串
AFTER	句法：(*AFT*ER s1 s2) 目的：得到字符串（s2）中字符串（s1）之后的一部分字符串
SUBSTRING	句法：(*SUBS*TRING n1 n2 s) 目的：得到字符串（s）中，从第 n1 个字符到第 n2 个字符的子字符串
CONCATENATE	句法：(*CONC*ATENATE s1 s2 … sn) 目的：连接（即首尾相接）一个或多个字符串
REPLY	句法：(*REP*LY s1) 目的：发送信息到终端并得到回应

下面是使用上述几个函数的例子。为了在一个图形的标题中使用台站名和事件名：

　　u：FUNCGEN SEISMOGRAM

　　u：TITLE' (CONCATENATE' Seismogram of '&1, KEVNM ' '&1, KSTNM)'

　　s：==>TITLE' Seismogram of K8108838 CDV'

上面例子显示了内嵌字符串函数的几个要点（和可能的难点），这个例子使用 CONCATENATE 函数，共有四个参数。第一个参数中有空格符，所以要用单引号或双引号括起来。第二个参数和第四个参数中没有空格符，因此它们不需要引号。第三个参数中包含一个空格符，是为了台站名和事件名不连接在一起。最后，内嵌函数本身需要写在引号中，这是 TITLE 命令的句法要求。

下一个例子，使用 SUBSTRING 函数抽取事件的月份，并且将它保存到暂存块变量中：

u: FUNCGEN SEISMOGRAM
u: SETBB MONTH (SUBSTRING 1 3 '&1, KZDATE&')
s: ==>SETBB MONTH MAR

为什么头段变量 KZDATE 需要引号？

在下一个例子中，使用 REPLY 函数交互控制数据文件集的处理：

{u:}　DO FILE LIST ABC DEF XYZ
{u:}　-READ $FILE
{u:}　-DO J FROM 1 TO 10
{u:}　-MACRO PROCESSFILE
{u:}　-PLOT
{u:}　-SETBB RESPONSE (REPLY " Enter −1 to stop, 0 for next file,
　　　　-1 for same file: ")
{u:}　-IF %RESPONSE LE 0 THEN
{u:}　-BREAK
{u:}　-ENDIF
{u:}　-ENDDO
{u:}　-IF %RESPONSE LT 0 THEN
{u:}　-BREAK
{u:}　-ENDIF
{u:}　ENDDO

外循环每次从文件表中读取一个文件，内循环调用一个宏命令处理这个文件，内循环执行到第 10 次。每次执行宏命令处理后，该文件绘图、发送信息到终端，然后将响应存到暂存块变量中。第一个 IF 测试这个变量，决定是否用 BREAK 语句终止内循环，第二个 IF 测试相同的变量，决定是否终止每个数据文件的循环。如果仅需要一个 IF 测试，则 REPLY 函数可以直接代替这个 IF 测试，而不需要一个暂存块变量。

§3.7　SAC 数据文件格式

每个 SAC 信号都以数据文件形式独立存储在磁盘上，这些文件包含一个固定长度的头段并尾随一个或两个数据段。头段包含浮点型、整型、逻辑型和字符型等类型字段，等间隔数据文件仅有一个包含自变量的数据段。不等间隔数据文件和频谱数据文件包含两个数据段。对不等间隔数据，第一个数据段包含因变量，第二个数据段包含自变量；对频谱文件，第一个部分是振幅或实部，第二个部分是相位或虚部。

SAC 数据文件有二进制和字符数据型两种格式，下面分别加以介绍，然后详细说明 SAC 数据文件的头段。

3.7.1　二进制格式

这是一种最常用的格式，用于 SAC 本身（READ 和 WRITE 命令）和子程序库

（RSAC1、RSAC2、WSAC1、WSAC2 和 WSAC0）。这种二进制（自由格式）文件便于从磁盘快速读入内存。头段长度是 158 个字（每个字 32 位），后面跟随数据段。为了迅速读取一个数据文件的非常小的一段数据（参见 CUT 命令），这些文件也有一个 512 字节（128 个 32 位的字）的物理记录长度，并被打开用于直接访问（在 PRIME 和 UNIX 版本中没有物理记录结构）。表 3-3 给出了这个格式的示意图。

表 3-3　　　　　　　　　　SAC 文件的二进制格式

头　　段	第一个数据段	第二个数据段
开始：　0（字）	开始：　158（字）	开始：　158+NPTS（字）
长度：　158（字）	长度：　NPTS（字）	长度：　NPTS（字）
内容：　见表 3-4	内容：　1. 因变量 　　　　2. 振幅 　　　　3. 实部	内容：　1. 自变量 　　　　2. 相位 　　　　3. 虚部

表 3-4 显示 SAC 二进制数据文件头段格式和内容。表中的位置和类型分别为头段变量所在行的开始位置和头段数据类型，这些头段变量和数据类型在本节后面进行描述。如果名字是 INTERNAL，则表明这种变量是 SAC 内部变量，用户不必关心这种变量。如果名字是 UNUSED，则表明这种变量目前没有被使用。对任意给定的文件，某些变量不一定有意义，称为"未定义变量"。对每种数据类型，我们以一个特殊值表明这种未定义状态，见表 3-4。

表 3-4　　　　　　　　SAC 二进制数据文件数据头段表

位置：字	类型	头段变量名				
0	F	DELTA	DEPMIN	DEPMAX	SCALE	ODELTA
5	F	B	E	O	A	INTERNAL
10	F	T0	T1	T2	T3	T4
15	F	T5	T6	T7	T8	T9
20	F	F	RESP0	RESP1	RESP2	RESP3
25	F	RESP4	RESP5	RESP6	RESP7	RESP8
30	F	RESP9	STLA	STLO	STEL	STDP
35	F	EVLA	EVLO	EVEL	EVDP	MAG
40	F	USER0	USER1	USER2	USER3	USER4
45	F	USER5	USER6	USER7	USER8	USER9
50	F	DIST	AZ	BAZ	GCARC	INTERNAL
55	F	INTERNAL	DEPMEN	CMPAZ	CMPINC	XMINIMUM
60	F	XMAXIMUM	YMINIMUM	YMAXIMUM	UNUSED	UNUSED

续表

位置：字	类型	头段变量名				
65	F	UNUSED	UNUSED	UNUSED	UNUSED	UNUSED
70	N	NZYEAR	NZJDAY	NZHOUR	NZMIN	NZSEC
75	N	NZMSEC	NVHDR	NORID	NEVID	NPTS
80	I	INTERNAL	NWFID	NXSIZE	NYSIZE	UNUSED
85	I	IFTYPE	IDEP	IZTYPE	UNUSED	IINST
90	I	ISTREG	IEVREG	IEVTYP	IQUAL	ISYNTH
95	I	IMAGTYP	IMAGSRC	UNUSED	UNUSED	UNUSED
100	I	UNUSED	UNUSED	UNUSED	UNUSED	UNUSED
105	L	LEVEN	LPSPOL	LOVROK	LCALDA	UNUSED
110	K	KSTNM	KEVNM*			
116	K	KHOLE	KO	KA		
122	K	KT0	KT1	KT2		
128	K	KT3	KT4	KT5		
134	K	KT6	KT7	KT8		
140	K	KT9	KF	KUSER0		
146	K	KUSER1	KUSER2	KCMPNM		
152	K	KNETWK	KDATRD	KINST		

* KEVNM 是 16 个字符（4 个字）长，其余所有 K 字段均为 8 个字符（2 个字）长。

3.7.2 字母数字码格式

SAC 字母数字码格式的数据文件在内容上等效于 SAC 二进制数据文件。头段存储在前 30 行，后面跟随一个或两个数据段，数据是 5G15.7 形式。SAC 字母数字码数据文件数据头段的形式和内容，见表 3-5 所示。

表 3-5　　　　　　　SAC 文本数据文件头段变量名

行号	格式	头段变量名				
01	(5G15.7)	DELTA	DEPMIN	DEPMAX	SCALE	ODELTA
02	(5G15.7)	B	E	O	A	INTERNAL
03	(5G15.7)	T0	T1	T2	T3	T4
04	(5G15.7)	T5	T6	T7	T8	T9
05	(5G15.7)	F	RESP0	RESP1	RESP2	RESP3
06	(5G15.7)	RESP4	RESP5	RESP6	RESP7	RESP8

续表

行号	格式	头段变量名				
07	(5G15.7)	RESP9	STLA	STLO	STEL	STDP
08	(5G15.7)	EVLA	EVLO	EVEL	EVDP	MAG
09	(5G15.7)	USER0	USER1	USER2	USER3	USER4
10	(5G15.7)	USER5	USER6	USER7	USER8	USER9
11	(5G15.7)	DIST	AZ	BAZ	GCARC	INTERNAL
12	(5G15.7)	INTERNAL	DEPMEN	CMPAZ	CMPINC	XMINIMUM
13	(5G15.7)	XMAXIMUM	YMINIMUM	YMAXIMUM	ADJTM	UNUSED
14	(5G15.7)	UNUSED	UNUSED	UNUSED	UNUSED	UNUSED
15	(5I10)	NZYEAR	NZJDAY	NZHOUR	NZMIN	NZSEC
16	(5I10)	NZMSEC	NVHDR	NORID	NEVID	NPTS
17	(5I10)	NSPTS	NWFID	NXSIZE	NYSIZE	UNUSED
18	(5I10)	IFTYPE	IDEP	IZTYPE	UNUSED	IINST
19	(5I10)	ISTREG	IEVREG	IEVTYP	IQUAL	ISYNTH
20	(5I10)	IMAGTYP	IMAGSRC	UNUSED	UNUSED	UNUSED
21	(5I10)	UNUSED	UNUSED	UNUSED	UNUSED	UNUSED
22	(5I10)	LEVEN	LPSPOL	LOVROK	LCALDA	UNUSED
23	(A8, A16)	KSTNM	KEVNM			
24	(3A8)	KHOLE	KO	KA		
25	(3A8)	KT0	KT1	KT2		
26	(3A8)	KT3	KT4	KT5		
27	(3A8)	KT6	KT7	KT8		
28	(3A8)	KT9	KF	KUSER0		
29	(3A8)	KUSER1	KUSER2	KCMPNM		
30	(3A8)	KNETWK	KDATRD	KINST		

字母数字码格式数据文件举例

下面给出一个 SAC 字母数字码数据文件的头段和前五行数据。

0.1000000e-01 -1.569280 1.520640 -12345.00 -12345.00
9.459999 19.45000 0. 10.47000 2.000000
-12345.00 20.00000 -12345.00 -12345.00 -12345.00
-12345.00 -12345.00 -12345.00 -12345.00 -12345.00
17.78000 -12345.00 -12345.00 -12345.00 -12345.00

```
-12345.00 -12345.00 -12345.00 -12345.00 -12345.00
-12345.00 87.99997 -120.0000 -12345.00 -12345.00
47.99997 -125.0000 -12345.00 -12345.00 -12345.00
123.4560 -12345.00 -12345.00 -12345.00 -12345.00
-12345.00 -12345.00 -12345.00 -12345.00 -12345.00
4461.052 0.2718981 185.2046 40.18594 -12345.00
-12345.00 -0.9854718e-01 0. 0. -12345.00
-12345.00 -12345.00 -12345.00 -12345.00 -12345.00
-12345.00 -12345.00 -12345.00 -12345.00 -12345.00
1981 88 10 38 14
0 6 0 0 1000
-12345 -12345 -12345 -12345 -12345
1 50 9 -12345 -12345
-12345 -12345 42 -12345 -12345
-12345 -12345 -12345 -12345 -12345
-12345 -12345 -12345 -12345 -12345
1 1 1 1 0
CDV K8108838
-12345 HOLE IPDO
XY2 -12345 KT1
-12345 -12345 -12345
-12345 -12345 -12345
-12345 -12345 ABKD
USER0 -12345 -12345
-12345 -12345 -12345
-0.9728001e-01 -0.9728001e-01 -0.9856002e-01 -0.9856002e-01 -0.9728001e-01
-0.9600000e-01 -0.9472002e-01 -0.9344001e-01 -0.9344001e-01 -0.9344001e-01
-0.9344001e-01 -0.9344001e-01 -6.9472002e-01 -0.9472002e-01 -0.9344001e-01
-0.9344001e-01 -0.9216000e-01 -0.9216000e-01 -0.9216000e-01 -0.9216000e-01
-0.9088002e-01 -0.9088002e-01 -0.9216000e-01 -0.9344001e-01 -0.9472002e-01
```

用户可以执行下面的命令：

  u：FUNCGEN SEISMOGRAM

  u：WRITE ALPHA TEMP1

重新生成含完整数据段的字符型数据文件，还可以将此字符型数据文件转换到二进制格式，再读入 SAC，其命令如下：

  u：CONVERT FROM ALPHA TEMP1 TO SAC TEMP2

  u：READ TEMP2

上述转换显示了字符型数据格式与二进制格式间的等效关系。

3.7.3 头段变量的含义

  表 3-6 列出了头段变量的类型和说明。它们按种类分组：必需变量、时间变量、震相参数、仪器参数、台站参数、事件参数和杂类项目等。头段类型在表 3-7 中定义。

表 3-6　　　　　　　　　　　　　SAC 数据头段变量表

变量	类型	说明
NPTS	N	每个分量的数据点数 [必需]
B	F	自变量的开始值 [必需]
E	F	自变量的结束值 [必需]
IFTYPE	I	文件类型 [必需]： =ITIME 时间序列文件 =IRLIM 频谱文件——实部和虚部形式 =IAMPH 颤谱文件——振幅和相位形式 =IXY 一般的 x-y 函数关系数据 =IXYZ 一般 XYZ（三维）文件
LEVEN	L	如果是等间隔数据，此值为 TRUE（真）[必需]
DELTA	F	等间隔采样点之间的增量（标称值）[必需]
ODELTA	F	观测到的增量值，如果它不同于标称值
IDEP	I	因变量类型： =IUNKN（未知） =IDISP（位移，单位为 nm） =IVEL（速度，单位为 nm/sec） =IVOLTS（速度，单位为伏特） =IACC（加速度，单位为 nm/sec/sec）
SCALE	F	因变量比例因子放大系数 [目前没有使用]
DEPMIN	F	因变量最小值
DEPMAX	F	因变量最大值
DEPMEN	F	因变量平均值
NZYEAR	N	GMT 年，文件基准（计时起点）校正时间
NZJDAY	N	GMT 日
NZHOUR	N	GMT 时
NZMIN	N	GMT 分
NZSEC	N	GMT 秒
NZMSEC	N	GMT 毫秒
NZDTTM	N	GMT 日期时间数组，该数组的六个元素为 NZYEAR, NZJDAY, NZHOUR, NZMIN, NZSEC 和 NZMSEC
KZDATE	A	字母数字格式的 GMT 基准日期 从 NZYEAR 和 NZJDAY 导出
KZTIME	A	字母数字格式的 GMT 基准时间 从 NZHOUR, NZMIN, NZSEC 和 NZMSEC 导出

续表

O	F	事件发生时间（相对基准时间的秒数）
KO	A	事件发生时间标志
A	F	初动到时（相对基准时间的秒数）
KA	A	初动到时标志
F	F	事件结束或终止时间（相对基准时间的秒数）
KF	A	事件结束标志
Tn	F	用户定义的读取时间或标记，n=0，9 （相对于基准时间的秒数）
KTn	A	用户定义的读取时间标志，n=0，9
IZTYPE	I	等效的基准时间 =IUNKN（未知） =IB（开始时间） =IDAY（基准GMT天的午夜） =IO（事件发生时间） =ITn（用户定义的读取时间n，n=0，9）
KINST	K	记录仪器名称
IINST	I	记录仪器类型［目前没有使用］
RESPn	F	仪器响应参数，n=0，9［目前没有使用］
KNETWK	K	地震台网名称
KSTNM	K	台站名称
ISTREG	I	台站地理分区［目前没有使用］
STLA	F	台站纬度（度，北为正）
STLO	F	台站经度（度，东为正）
STEL	F	台站高程（m）［目前没有使用］
STDP	F	台站地表深度（m）［目前没有使用］
CMPAZ	F	分量方位角（从北开始顺时针为正，以度为单位）
CMPINC	F	分量入射角（从垂直开始的角度数）
KCMPNM	K	分量名称
KSTCMP	A	台站分量，由KSTNM，CMPAZ和CMPINC导出
LPSPOL	L	如果台站分量是正极性（左手定则），此值为TRUE（真）
KEVNM	K	事件名称
IEVREG	I	事件地理区域［目前没有使用］
EVLA	F	事件纬度（度，北为正）

续表

EVLO	F	事件经度（度，东为正）	
EVEL	F	事件高程（m）[目前没有使用]	
EVDP	F	事件地表深度（m）[目前没有使用]	
IEVTYP	I	事件类型： =IUNKN（未知） =INUCL（核爆炸事件） =IPREN（核爆炸试验前事件） =IPOSTN（核爆炸试验后事件） =IQUAKE（地震） =IPREQ（前震） =IPOSTQ（余震） =ICHEM（化学爆破） =IOTHER（其他）	
KHOlE	K	孔眼标志号，如果是核爆炸事件	
DIST	F	台站到事件的距离（km）	
AZ	F	事件到台站的方位角（度）	
BAZ	F	台站到事件的方位角（度）	
GCARC	F	台站到事件的大圆弧长度（度）	
LCALDA	L	如果 DIST、AZ、BAZG 和 GCARC 可以由台站和事件坐标计算出，则此值为 TRUE（真）	
IQUAL	I	数据质量[目前没有使用]： =IGOOD（好数据） =IGLCH（数据有毛刺） =IDROP（遗失信息） =ILOWSN（低信噪比） =IOTHER（其他）	
ISYNTH	I	合成数据标志[目前没有使用]： =IRLDTA（真实数据） =?????（各种合成地震图码标志）	
KDATRD	K	数据被读入计算机的日期	
USERn	F	用户定义变量存储区，n=0, 9	
KUSERn	K	用户定义变量存储区，n=0, 2	
LOVROK	L	如果磁盘上这个文件可以覆盖，此值为 TRUE（真）	
NVHDR	N	头段版本号，现行值是整数 6	

头段数据类型

表 3-7 列出了头段数据类型及其定义。表中第三列的特定值，用于识别特殊文件中没有定义的个别头段变量。

表 3-7　　　　　　　　　　　　　　头段数据类型表

类型	定义	未定义	说明
F	浮点型	−12345.0	单精度
N	整数型	−12345	字段名冠以"N"
I	枚举型	−12345	字段名冠以"I" 有一个限定的整数集 每个值给出特定的名称 每个值代表特定的条件 子程序使用相应的字母数字型变量名
L	逻辑型	FALSE	字段名冠以"L" 取值为 TRUE（真）或 FALSE（假）
K	字符型	"−12345"	字段名冠以"K" 8 或 16 个字符长
A	辅助型		在头段中不存在 由其他头段变量导出

枚举头段

枚举头段变量值在头段中以整型存储，表 3-8 列出了它们的名称和值。

表 3-8　　　　　　　　　　　　　　枚举头段变量值

名称	值	名称	值	名称	值	名称	值
itime	01	irlim	02	lamph	03	ixy	04
iunkn	05	idisp	06	ivel	07	iacc	08
ib	09	iday	10	iO	11	ia	12
it0	13	it1	14	it2	15	it3	16
it4	17	it5	18	it6	19	it7	20
it8	21	it9	22	iradnv	23	itannv	24
iradev	25	itanev	26	inorth	27	ieast	28
ihorza	29	idown	30	iup	31	illlbb	32
lwwsn1	33	iwwsn2	34	ihglp	35	isro	36
inucl	37	ipren	38	ipostn	39	iquake	40
ipreq	41	ipostq	42	ichem	43	iother	44
igood	45	iglch	46	idrop	47	ilowsn	48
idrop	47	ilowsn	48	irldta	49	ivolts	50

附 SAC2000 命令一览

本章按"命令功能"和"字母顺序"分别罗列了 SAC2000 的主要命令，并对按字母顺序排列的每条命令给出了简要描述，其详细说明请参考"SAC2000 命令用户手册"。需要说明的是，SAC2000 的命令及其参数可以用大写字母或小写字母输入。SAC2000 在解释之前，先将它们变换到大写的情况。一个例外是放在单引号或双引号内的文本；另一个例外是目录或文件的名字；在这两种情况下，必须区分字母的大小写。

一、命令功能表

1. 执行功能模块

QUIT	QUITSUB	PRODUCTION
NEWS	HELP	REPORT
SYSTEMCOMMAND	INICM	FUNCGEN
MESSAGE	COMCOR	SYNTAX
PAUSE	ECHO	EVALUATE
SES	SETBB	GETBB
READBBF	WRITEBBF	WRITESDD
MACRO	SETMACRO	INSTALLMACRO
UNSETBB	TRANSCRIPT	TRACE

2. 数据集模块

COPY	CURRENTDATASET	DELETE
GROUP	LISTDATASETS	RENAME

3. 数据文件模块

READ	READCSS	READERR
WRITE	CONVERT	CUT
CUTERR	LISTHDR	CHNHDR
READHDR	WRITEHDR	SYNCHRONIZE
WILD	READALPHA	READSDD
COPYHDR	DATAGEN	

4. 图形环境模块

XLIN	XLOG	XDIV
YLIN	YLOG	YDIV
LINLIN	LINLOG	
LOGLIN	LOGLOG	
XFULL	XVPORT	XFUDGE
YFULL	YVPORT	YFUDGE
GRID	BORDER	AXES
TICKS	LOGLAB	TITLE
BEGINWINDOW	BEGINFRAME	ENDFRAME

COLOR	FLOOR	GTEXT
LINE	NULL	PLABEL
QDP	SYMBOL	TSIZE
WIDTH	WINDOW	WAIT
XGRID	XLABEL	
YGRID	YLABEL	

5. 图形控制模块

BEGINDEVICES	ENDDEVICES	ERASE
VSPACE	SGF	

6. 图形功能模块

PLOT	PLOT1	PLOT2
PLOTPK	PLOTC	
PLOTPM	PLOTXY	PICKS
SETDEVICE	FILEID	
XLIM	YLIM	

7. 谱分析模块

FFT	IFFT	KEEPAM
READSP	WRITESP	PLOTSP
LOWPASS	HIGHPASS	
BANDPASS	BANDREJ	
HANNING	UNWRAP	
FIR	WIENER	
CORRELATE	KHRONHITE	BENIOFF
DIVOMEGA	MULOMEGA	
HILBERT	ENVELOPE	

8. 一元运算模块

ADD	SUB	MUL
DIV	SQR	SQRT
INT	ABS	DIF
LOG	LOG10	
EXP	EXP10	

9. 二元运算模块

MERGE	ADDF	SUBF
MULF	DIVF	
BINOPERR		

10. 信号校正模块

RQ	RGLITCHES	TAPER
RTREND	RMEAN	SMOOTH
ROTATE	INTERPOLATE	QUANTIZE
STRETCH	REVERSE	DECIMATE

11. 事件分析模块

OHPF	CHPF	WHPF
OAPF	CAPF	APK

12. 信号测量模块

MTW	MARKVALUE	MARKTIMES
MARKPTP	RMS	

13. 三维数据模块

SPECTROGRAM	GRAYSCALE	CONTOUR
ZLEVELS	ZLINES	ZTICKS
ZLABELS	ZCOLORS	

14. 仪器校正模块

TRANSFER

15. 子进程调用模块

SPE	SSS

16. 分析工具

FILTERDESIGN

17. 频率-波数（FK）频谱

BBFK	BEAM	MAP

二、字母顺序表

ABS	取每个数据点的绝对值
ADD	每个数据点加一个常数
ADDF	内存中的数据与一组数据文件相加
APK	使用自动事件读取算法
AXES	控制注释轴的位置
BANDPASS	使用无限脉冲响应（IIR）带通滤波器
BANDREJ	使用无限脉冲响应（IIR）带阻滤波器
BBFK	计算宽频带频率-波数（FK）谱
BEAM	生成射线束
BEGINDEVICES	开始绘图到一个或多个图形设备上
BEGINFRAME	关闭绘图之间自动刷新画面的操作
BEGINWINDOW	开始绘图到一个新的图形窗口
BENIOFF	对数据应用贝尼奥夫滤波器
BtNOPERR	控制二元文件运算期间可能发生的错误
BORDER	控制图形周围边线的绘制
CAPF	关闭当前打开的字母数字型的震相读取文件
CHNHDR	改变所选头段变量的值
CHPF	关闭当前打开的 HYPO 格式震相读取文件
COLOR	控制彩色图形设备的颜色选择
COMCOR	控制 SAC 命令的校正选项

CONTOUR	用内存数据绘制等值线
CONVERT	将数据文件从一种格式转换为另一种格式
COPY	拷贝所选择的数据集到一个新的数据集
COPYHDR	拷贝内存中一个文件的头段变量值到其他所有文件
CORRELATE	计算自相关和互相关函数
CURRENTDATASET	选择数据集成为当前数据集
CUT	定义要读入一个数据文件中的哪些部分
CUTERR	控制由于非法剪裁参数所引起的错误
DATAGEN	生成样本数据文件并存入内存
DECIMATE	抽取数据（即每隔几个数据取一个值）并附以抗混淆 FIR 滤波器
DELETE	删除所有当前选择的数据集
DIF	求内存中数据的差分
DIV	每个数据点除以一个常数
DIVF	内存中的数据与一组数据文件相除
DIVOMEGA	在频率域做积分
ECHO	控制输入命令回应输出到终端
ENDDEVICES	终止一个或多个图形设备
ENDFRAME	恢复绘图之间自动刷新画面的操作
ENVELOPE	使用希尔伯特变换计算包络函数
ERASE	清除图形显示区域
EVALUATE	求简单算术式的值
EXP	计算每个数据点的指数
EXP10	计算每个数据点以 10 为底的指数
FFT	进行离散傅里叶变换
FILEID	控制 SAC 图形中文件标识的显示
FILTERDESIGN	显示滤波器的数字特性和模拟特性
FIR	使用有限脉冲响应（FIR）滤波器
FLOOR	在对数内插数据中放一个最小值
FUNCGEN	生成函数并存入内存
GETBB	取得（显示）暂存块变量的值
GRAYSCALE	产生内存中数据图像的灰度
GRID	控制图形中网格线的绘制
GROUP	将当前数据集组合为一个新的数据集
GTEXT	控制用于图形文本的属性（字型和字号）
HANNING	应用一个汉宁窗到每个数据文件
HELP	显示关于 SAC 命令和语句的信息
HIGHPASS	使用无限脉冲响应（IIR）高通滤波器
HILBERT	做希尔伯特变换
IFFT	进行离散傅里叶反变换

INICM	重新初始化所有的 SAC 公用块
INSTALLMACRO	在全局 SAC 宏目录中安装宏文件
INT	使用梯形法做积分
INTERPOLATE	对等间隔或不等间隔数据进行内插，使之具有新的采样率
KEEPAM	仅保存谱文件中的振幅分量
KHRONHITE	对数据应用 Khronhite 滤波器
LINE	控制图形中线型的选择
LINLIN	设置 x 轴和 y 轴为线性坐标
LINLOG	设置 x 轴为线性坐标，y 轴为对数坐标
LISTDATASETS	列出定义的和当前选择（活动）的数据集
LISTHDR	列出所选头段变量的值
LOG	取每个数据点的自然对数
LOG10	取每个数据点以 10 为底的对数
LOGLAB	控制对数坐标轴上的标识
LOGLIN	设置 x 轴为对数坐标，y 轴为线性坐标
LOGLOG	设置 x 轴和 y 轴为对数坐标
LOWPASS	使用无限脉冲响应（IIR）低通滤波器
MACRO	执行 SAC 宏命令文件
MAP	产生一个台阵或联测台阵的分布图
MARKPTP	测量和标记测量时间窗中最大振幅的峰的峰值
MARKTIMES	用根据速度模型得到的走时来标记数据文件
MARKVALUE	在数据文件中查找并标记给定的值
MERGE	合并（连接）一组文件到内存数据中
MESSAGE	发送信息到用户终端
MTW	确定用于后续测量命令的测量时间窗
MUL	每个数据点乘以一个常数
MULF	内存中的数据与一组数据文件相乘
MULOMEGA	在频率域做微分
NEWS	显示 SAC 的有关信息
NULL	控制预先规定的数据空值的绘图
OAPF	打开字母数字型的震相读取文件
OHPF	打开 HYPO 格式的震相读取文件
PAUSE	发送信息到终端并暂停运行
PICKS	控制在多种 SAC 图形中震相读取的显示
PLABEL	规定一般图形的标记及其属性
PLOT	在一个窗口绘制一条曲线
PLOT1	在多个窗口绘制多条曲线
PLOT2	在一个窗口绘制多条（重叠）曲线
PLOTC	使用光标标注 SAC 图形和产生图件
PLOTPK	生成一个用于选取震相的图形

PLOTPM	针对一对数据文件绘出质点运动图
PLOTSP	画几种不同格式的频谱
PLOTXY	以一个数据文件为自变量，以其余一个或多个数据文件为因变量绘图
PRODUCTION	控制作业方式的选择
QDP	控制低分辨率快速绘图（"简装图"）的选择
QUANTIZE	连续数据的数字化
QUIT	终止 SAC
QUITSUB	终止当前运行的子程序
READ	将磁盘上的 SAC 数据文件读到内存
READALPHA	读磁盘上的字符数据文件到内存
READBBF	将暂存块变量文件读入内存
READCSS	将 CSS 格式数据文件读到 SAC 中
READERR	控制在执行读命令时发生的错误
READHDR	从 SAC 数据文件中读头段到内存
READSDD	把磁盘上 SDD 数据文件的数据读入内存
READSP	读取用 WRITESP 命令写入磁盘的谱文件
RENAME	改变当前数据集的名字
REPORT	告诉用户当前 SAC 的状态
REVERSE	反转数据点的顺序
RGLITCHES	去掉信号中的毛刺和时间标志
RMEAN	去掉直流分量（平均值）
RMS	计算测量时间窗中的数据的均方根
ROTATE	以一个给定的角度旋转数据的两个分量
RQ	从谱数据中去掉品质因子（Q值）
RTREND	去掉线性趋势
SES	调用频谱估计子程序
SETBB	设置（定义）暂存块变量的值
SETDEVICE	确定在后续图形中使用的缺省图形设备
SETMACRO	设定执行一个 SAC 宏文件时要查找的目录
SGF	控制 SAC 图形文件设备的选择
SMOOTH	对数据应用算术平滑算法
SPE	调用频谱估计子程序
SPECTROGRAM	使用内存中所有数据计算频谱图
SQR	取每个数据点的平方
SQRT	取每个数据点的平方根
SSS	调用信号叠加子程序
STRETCH	内插数据（在数据点中插入数值）并附以内插 FIR 滤波器
SUB	每个数据点减一个常数
SUBF	内存中的数据减去一组数据文件

命令	说明
SYMBOL	控制图形中符号的特征
SYNCHRONIZE	协调在内存中的所有文件的参考时间
SYNTAX	显示 SAC 命令的基本信息
SYSTEMCOMMAND	在 SAC 中执行系统命令
TAPER	令数据在两端对称地平滑地过渡到零（"尖灭"）
TICKS	控制曲线图上时标的位置
TITLE	定义图形的标题和属性
TRACE	控制跟踪暂存块和头段变量
TRANSCRIPT	控制输出副本文件
TRANSFER	用反褶积去掉仪器响应，并用褶积加上另一个仪器的响应
TSIZE	控制文本尺寸的特征
UNSETBB	删除暂存块变量
UNWRAP	计算振幅谱和展开相位谱
VSPACE	改变图形的最大尺寸和形状
WAIT	通知 SAC 在绘制不同图形的操作之间是否暂停
WHPF	将附加的内容写入 HYPO 格式的震相读取文件中
WIDTH	控制所选图形设备的线宽
WIENER	使用自适应维纳滤波器
WILD	设置用于读命令中扩展文件表的通配字符
WINDOW	设置绘图窗口的位置和形状
WRITE	将内存中的数据写到磁盘
WRITEBBF	将暂存块变量文件写到磁盘
WRITEHDR	将内存中头段信息写到磁盘，覆盖磁盘上的头段信息
WRITESDD	以 SDD 格式将内存中的数据写入磁盘
WRITESP	把频谱文件作为"普通"数据文件写到磁盘
XDIV	控制 x 轴的刻度间隔
XFUDGE	改变 x 轴的"插入因子"
XFULL	控制 x 轴绘图为整对数方式
XGRID	控制 x 轴坐标上网格线的绘制
XLABEL	定义 x 轴坐标和属性
XLIM	确定图形中 x 轴的界限
XLIN	设置 x 轴为线性坐标
XLOG	设置 x 轴为对数坐标
XVPORT	定义 x 轴的范围
YDIV	控制 y 轴的刻度间隔
YFUDGE	改变 y 轴的"插入因子"
YFULL	控制 y 轴绘图为整对数方式
YGRID	控制 y 轴坐标上的网格线绘制
YLABEL	定义 y 轴坐标和属性
YLIM	确定图形中 y 轴的界限

YLIN	设置 y 轴为线性坐标
YLOG	设置 y 轴为对数坐标
YVPORT	定义 y 轴的范围
ZCOLORS	控制等值线的颜色显示
ZLABELS	根据等值线的值控制等值线的标记
ZLEVELS	控制后续等值线图上的等值线间隔
ZLINES	控制后续等值线图上的等值线的线型
ZTICKS	用方向点号标识等值线

第4章 数据分析与地震图解释

§4.1 引言

本章讨论地震图分析,描述模拟和数字台站常规观测实践的基本要求,即:
- 在记录中识别地震的发生;
- 识别和标记震相;
- 正确确定地震的初动时间和极性;
- 测量最大地动振幅及相应的周期;
- 计算幅度和方位角;
- 确定震源位置、发震时刻、震级、震源机制等震源参数。

在现代数字台站工作中,这些过程由计算机程序实现。利用丰富的经验、弹性波传播的基础知识以及分析软件,能够使地震工作者分析大量的数据,并正确解释地震图。本章的目的是对正确的地震图分析和震相解释所需的基础知识、数据、步骤和工具进行介绍,并给出了精选的地震图实例。

地震图是有关地震、化学爆破与核爆、矿山诱发地震事件、岩石破裂和其他产生地震波事件的时间序列记录和信息来源。总的来说,地震图反映了震源、传播路径、记录仪的频率响应和记录场地的环境噪音的综合记录。图4-1总结了这些影响及其科学意义。因此,我们关于地震活动性、地球结构和各类震源的知识,主要是对地震图的分析和解释而产生的。我们对地震图的分析和解释越全面,那么对地球结构、震源和地震发生过程的理解也就越全面。

如今,单台数据分析已逐渐被台网和台阵分析所取代。台阵处理技术已发展了二十多年。与单台相比,台网和台阵能够更好地进行地震事件的检测和震源定位。台阵还能用于估算幅度和方位角,这能使震相识别得更好。通过计算单台震级的平均值可获得更准确的震级值。而且,对于远距离事件,信号相干处理可更可靠地确定初动时间。表4-1总结了单台、台网和台阵的基本特征。原则上,任一台阵都可用作台网,而在特殊情况下,台网可用作台阵。台网与台阵之间最重要的区别是信号相干性的程度和所使用的资料分析技术。

就像单台一样,窄带地震计系统如今也已过时,它们的分布有限,其重要性也只在局部地方。窄带系统对地面运动进行了滤波,使信号失真,还可能使初动时间产生位移,使极性发生反转。大部分地震台站,尤其是区域台网,现在都配备了能够记录0.001Hz至50Hz之间信号频率的宽带地震计。

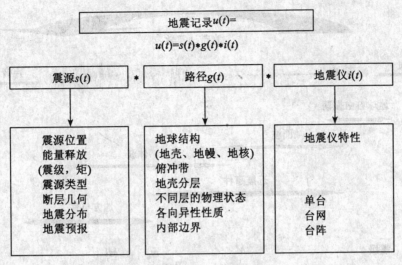

图 4-1 影响地震记录的不同因素

表 4-1 单台、台阵、台网简要特征

单台	具有自身数据处理的地震台的经典类型。只有通过三分向记录才有可能进行事件定位。
台网	地方、区域或与公共数据中心尽可能保持一致的全球地震台站分布。地震定位是其主要任务之一。
台阵	由一组有着统一参考时间和统一仪器配置的地震台站组成。这些台站的空间距离足够近，以使信号波形在临近的地震计间相关。其好处是： • 从随机噪声中提取相干信号 • 确定波前的方向信息（确定真远反方位角） • 确定当地幅度和震中距

目前仍有许多发展中国家和俄罗斯地区的独立台站使用这类经典地震仪，档案馆里也装满了数十年收集起来的这些系统的模拟记录。这些资料构成了大量的信息，而这些信息在大多数情况下仍未完全得以分析和科学利用。虽然对于现代常规分析甚至科学研究，数字资料在许多方面占有优势，但还将花费数年至数十年的时间来获取数字资料，才能考虑不再需要哪些模拟数据。然而，对于稀有而又孤立的大地震，以及对于较低地震活动性和显著地震危险性地区的大地震，这些经典的历史地震图的保管与综合分析，在将来的若干年内仍非常重要。

越来越多的旧有模拟资料只有在数字化之后，并使用与最近由数字化仪器记录得到的数字资料相似的步骤和分析程序才能得以再分析。但台站操作和分析人员还是应当能够不用计算机支持，而用普通的辅助工具来处理、理解和适当地分析模拟地震图，或绘成波形曲线的数字记录。除了数字分析可使用交互式软件使得分析更快更容易之外，数字地震图与经典地震图的分析几乎是相同的（尽管有更好更灵活的时间和振幅分辨率），对它们的正确解释也需要关于地震记录和单个震相的图像特征的基础知识，这些基础知识与模拟资料的相同。分析人员需要知道地震记录随地震事件的震中距、深度和震源过程不同而变化

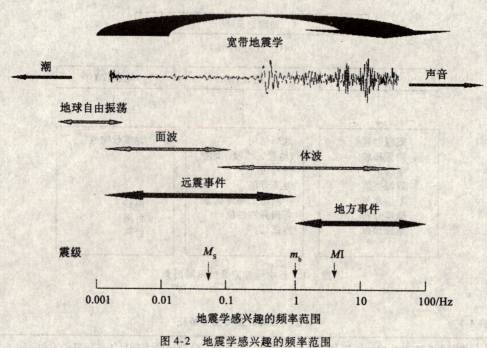

图 4-2 地震学感兴趣的频率范围

的典型特征，以及它们对不同类型地震波的极性和震源方位角的依赖性及与此相关的地震计分向的依赖性。他们还需认识到地震仪频率响应对记录形状的影响。如果没有这样扎实的背景知识，无论使用如何高级的计算机程序来分析地震图，震相识别和参数读取也会相当不全面，出现系统偏差，或者甚至是错误的。

因此，在本章我们将首先介绍基于模拟资料分析单台和台网地震图的基础知识。即使现在这一类的指导和培训的业务需要越来越少，而从教学的观点看，其重要性是不言而喻的。当有机会接触计算机辅助分析的先进工具时，一个在传统模拟地震记录分析方面经过全面而充分培训的分析人员，在工作能力上将远远优于任何缺乏所需的地震学背景知识的计算机专家。

目前，自动震相识别和参数确定仍然不如经过良好培训的人工分析所得的结果。所以，虽然现代地震台站、台网和台阵中心都在越来越多地使用自动化的程序，但是本章不讨论自动化程序。本章的主要目的是为台站操作人员、经验有限的地震工作者以及缺少地震学知识的工作人员提供适当的指导和建议。另一方面，对缺乏地震学知识或实践经验的程序开发和自动化算法方面的专家，这些知识和工作经验对于进一步改进自动数据分析的计算机程序是必不可少的。

因此，我们首先介绍单台和小台网模拟地震记录图常规解释的一般方法。然后我们讨论处理有关数字资料时的相似之处和主要不同之处。在关于数字地震图分析的小节中，我们将对信号相干性、数据处理与分析的有关不同步骤和所用的现有软件等问题进行更为详细的讨论。来自德国的记录实例，大部分都经过了 Seismic Handler（SHM）程序的处理。SHM 程序由 K. Stammler 开发，用于地震波形回放和数据分析。该程序及其描述可通过 http：//www.szgrf bgr.de/sh-doc/index.html 获得。

本章给出了一些地震记录的典型实例，它们来自不同震中距范围（地方震、区域地震和远震）和不同震源深度的不同单台、台网和台阵，大多是宽带资料或从其中经滤波得到的记录。另有章节对地核震相进行专门论述（见 4.5.2.4 和 4.5.3）。

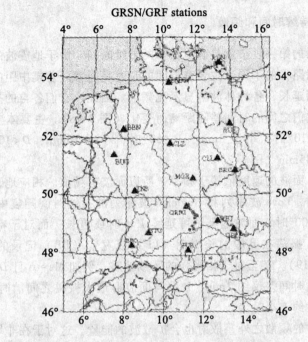

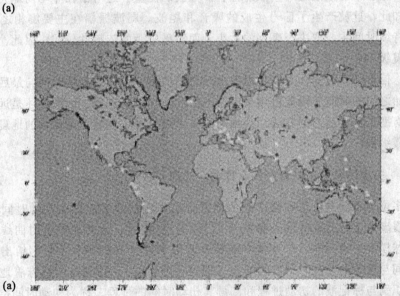

图 4.3 （a）德国区域地震台网（GRSN）各台站（黑色三角）和格拉芬堡地震台阵（GRF）各台站（绿色圆点）；（b）上述台站所记录的第 4 章及 DS4.1-DS4.4 中的地震事件的全球震中分布图（红色圆点：地下核爆炸；黄色圆点：地震）

本章使用的震相命名规则与《新地震观测实践手册》（IASPEI New Manual of Seismological Observatory Practice (NMSOP)）中 IS2.1 相同。

§4.2 常规地震图分析的判据与参数

4.2.1 记录持续时间和频散

查看地震记录的第一件事就是确定信号的持续时间。由于地震波的特性、传播速度及其到达台站的传播路径的不同，主要波群间的走时差通常随着震中距的增加而增加，记录相应地随着时间而延长，各种体波群显示无频散。因此，它们各自的持续时间或多或少地保持不变，只有它们之间的时间差随距离而变化（图2-48）。主要体波震相起始之间的时间差在震中距 $D<10°$ 时，小于 3min；$D<60°$ 时，小于 16min；$D<100°$ 时，小于 30min；$D<180°$ 时，小于 45min（图1-2）。

与体波相反，面波的速度依赖于频率，所以面波有频散。相应地，依赖于沿传播路径的壳幔结构的不同，Love 波序列和 Rayleigh 波序列的持续时间随震中距的增加也有不同程度的增加。$D<100°$ 时，面波地震图可延续 1 小时或更长；而对于特大强震，当面波可绕地球几周时，其振荡在灵敏的长周期（LP）或宽带（BB）记录的时间长度可能超过 6~12 小时（图2-19）。甚至对于相当强的区域地震，例如 Ms≈6 且 $D≈10°$ 时，尽管 P 波与 S 波起始之间的时间差仅约 2min，P 波与面波群最大振幅之间的时间差仅约 5~6min，振荡也可以延续大约 1 小时。

最后，除正常的频散之外，散射也会扩散波的能量。这对于在非均匀地壳中传播的高频波尤其如此，这就产生了信号生成的噪音和尾波。尾波振幅在主要震相之后呈指数衰减。尾波持续时间主要取决于事件的大小，而对震中距的依赖性较弱。因此，持续时间可用于计算震级 M_D。

总之，信号持续时间，尤其是面波出现之前的第一个体波到达时间与最后一个可识别的体波起始之间的时间间隔差可用来粗略地估计事件是地方震、区域震还是远震。这样的粗略分类有助于选择适当的方法、判据和工具来进行进一步的更为详细的地震图分析、震源定位和震级确定。

4.2.2 关键的参数：初动时间、振幅、周期和极性

由许多位于不同方位角和震中距的地震台站确定的地震波群的初动时间，即 P 波初至，是地震事件定位的关键输入参数（见 IS4.1）。走时、走时表或走时曲线，是从实际观测或地球模型中得到的。作为震中距离 D 和震源深度 h 的函数，它们给出了相关震相的起始时间与震源的发震时刻之间的差（即震相的走时）。初动时间标志着地震波群的能量初至。识别与标记波的初动过程和测量其初动时间的过程，称为初动时间拾取。波的初动的识别，很大程度上取决于信噪比（SNR）、斜率及其振幅大小。二者都受记录地震仪或滤波器的形式和带宽的控制（图4-9至图4-13）。作为初动时间拾取的可靠性的一种定性测量，在地震学实践中有一个经典的习惯，这就是将初动分为脉冲式的（i）或较缓慢出现的（e）两类。以小写字母 i 或 e 分别标记于该震相之前。与后续震相相比，在地震图上识别和准确拾取初至波（通常为 P 波）是较为容易的。

初动拾取的相对准确性很大程度上依赖于上面所讨论的各个因素，而初动时间测量的绝对准确性受现有的时间服务的控制。地震体波震相传播得相当快。其表面视速度的范围

在3km/s至将近100km/s之间（在对跖点处可能达到无限大）。所以，对于由走时数据可靠地估算震中（见IS4.1）和较好地确定地球模型，就需要绝对误差低于1s或更理想的低于0.1s的初动时间的读取准确性。在几十年前，当大多数台站只有机械摆天文钟或航海天文钟时，这是难以得到的。这些钟不可避免地有漂移，而与无线电时间信号校准，每天最多也就是两次。另外，经典纸记录或照相记录的时间分辨率，通常在0.25~2mm/s之间，因此，时间拾取的准确性不会高于1s。除了有限的时间准确性，世界范围内经典台网的许多台站的读图误差取决于距离和地区，一般是2~3s（Hwang and Clayton，1991）。这种情况自20世纪70年代末得以改进，其原因是使用了甚低频和能被广泛接收的时间信号，例如DCF和Omega时间服务，以及使用由精确的50Hz稳定交流电驱动的记录器。

然而，人眼通过模拟记录图上的时间分号读取初动时间，有时会导致更大误差，P波初至的读图误差一般为±1min。如今，几乎在全球每一个角落都容易获得来自全球定位系统（Global Positioning System，GPS）的原子钟时间。在永久台站和临时台站上都易于安装低成本的GPS接收装置。所以，不可靠的绝对时间问题也就不再存在了。当数字记录资料通过地震图分析软件由光标标记初动位置而自动读取时间时，人为读图误差也就不再扮演重要角色了。而且，初动的识别能力和时间拾取的精度，可利用改变采样率和振幅动态范围得以修正。记录的时间和振幅的显示比例可以根据需要缩小或放大，而根据任务的情况，为了最佳地识别震相，也可以很容易地使用最佳滤波器。

图4-4显示了这样一份数字记录，其时间比例尺放大到了12mm/s。可靠的初动时间拾取精度优于0.1秒。虽然该P波初至在这张图上看上去是较缓慢出现的，但它属于脉冲式（i）初动。而通过放大振幅比例尺，波到达的前沿变得更陡，这样初动也表现为脉冲式。数字地震图的易于操作在很大程度上削弱了由i或e表示的初动尖锐程度的定性表征的作用。所以，在国际地震学观测（International Seismological Observing Period，ISOP）项目已计划而尚未实行的框架中，用其他的方法来量化初动时间可靠性。除了要报告最可能的或解释人员所倾向的初动时间之外，对于每一个所报告的震相x，都还要报告拾取最早的初动时间（t_{ox-}）和可能最晚的初动时间（t_{ox+}）来估算的不确定性范围，对于初至尤其如此（图4-6）。

所报告时间拾取的质量、数量和空间分布很大程度上控制着震源定位的精度（见IS4A），所标识的特定震相振幅读数的质量和数量则确定了经典事件震级的精度。后者通常是基于最大地动位移，以及体波群与面波群的相关周期的读数。对于简谐振荡，振幅应表示为波峰至波谷（双倍振幅）的一半。相关周期应以振幅最大值的相邻波峰（或波谷）来测量，或者将最大波峰与波谷之间的时间差加倍（图4-4），只有极端非对称波包的测量，应从中心线到最大波峰或波谷。一些计算机程序能标记出用于测量最大振幅A及相关周期T的那段时间记录。

注意，为了得到"真实的"地面运动振幅，必须对所测量的地震记录中的最大振幅进行地震仪依赖于频率的放大倍数方面的校正，通常以给定周期上纳米（$1nm=10^{-9}m$）或微米（$1\mu m=10^{-6}m$）表示。对于数字地震仪，不用位移放大率，通常以nm/counts为单位给出依赖于频率的分辨率，或者，以地面速度为测量结果，以$nm\ s^{-1}$/counts为单位。还要注意，记录振幅及相关优势周期，不仅依赖于到达波的谱，并受到地震仪或记录滤波器响应的形状、中心频率和带宽的控制（图4-13）。而且，地震仪响应曲线中给出的放大倍数值，严格地讲只对稳态简谐振动有效，没有瞬态响应。但是，瞬态响应可能在短的体波波列由较窄频带的地震仪记录到的时候非常显著。在此情况下，信号形状、振幅和信号持续时间会严重失真（图4-10，图4-17）。所以，我们在写"真实的"地面运动时加上了引号。Scherbaum（2001）详细讨论了信号失真的问题。而由限带宽记录确定标准震级时没有考虑信号失真。但是，在震源参数估算更高级的数字信号分析中，信号失真必须加以校正。最初的振荡失真最大，并且，记录的带宽越窄这种失真就越强，持续的时间也越长（见4.2.1和4.2.2）。瞬态响应随时间的衰减，也依赖于地震计的阻尼。对于有频散的远震面波序列的振幅测量，这种衰减通常是可以忽略的。

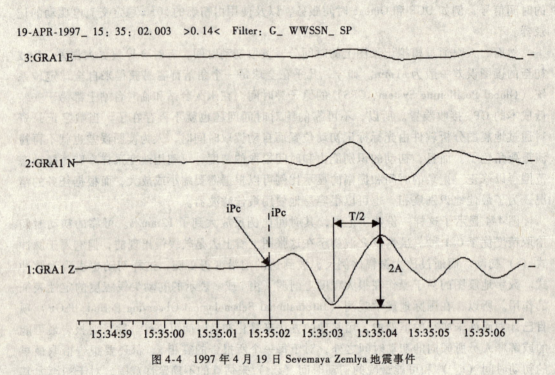

图4-4　1997年4月19日 Sevemaya Zemlya 地震事件

为了从记录图的振幅中计算出地面运动振幅，必须知道标定过的地震计的频率响应和放大倍数。模拟地震图应当标识得很清楚，并将每一个记录与带有已知位移放大倍数的地震计联系起来。对于数字资料，仪器响应通常包含于每个地震图文件或给定的分离文件的头段信息中，当分析数据文件时，该文件会自动连接。数字记录中的振幅及相关周期一旦被拾取，大部分地震图分析软件工具随即就会计算出地动位移或地动速度振幅，并将结果写入相关的参数文件。

如果信噪比允许，必须确定和进行常规报告的另一个参数是垂直分向记录中的P波初动的极性。在震源周围不同方位的台站对初动极性所进行的可靠观测可以获得地震断层面解。地震计各分向的接线一定要仔细检查，以确保压缩性的初动（c）在垂直分向记录中头一个半周期是向上的（+），而拉张的初动（d）是向下的（−）。水平分向记录中的习惯是，+（向上）表示初动向北和向东，−（向下）表示初动向南和向西。当根据三分向记录中振幅和极性的读数确定震源反方位角时，就需要考虑这些问题（见EX4.2及其中的图1）。但是，在基于极性的断层面解中无需考虑水平分向的极性。图4-4显示了一个压缩性的初动。

然而，人们应当意识到，窄带信号滤波可能减小初动振幅，以致其极性不再能确切地识别，或者甚至在有噪音的情况下完全不能辨认（图4-10，图4-13）。这会造成错误的极性报告，继而造成错误的断层面解。由于短周期（SP）记录的带宽比中长周期或者宽带记录的要窄，人们应当将短周期的初动极性读数与长周期和宽频带的初动极性区别开来。长周期波含有许多震源破裂过程的细节。只有在宽带记录中才有可能得到可靠的极性读数！

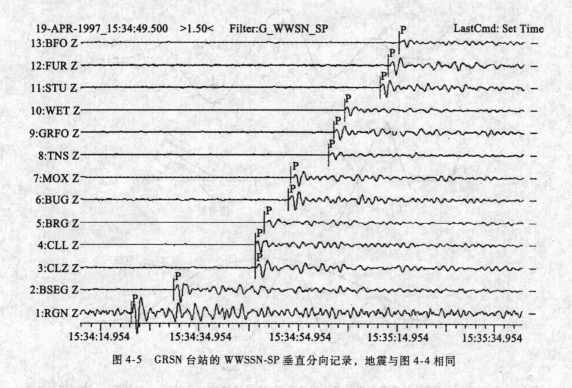

图4-5　GRSN台站的WWSSN-SP垂直分向记录，地震与图4-4相同

4.2.3　先进的数字记录波列参数报告

在4.2.1中所讨论的参数已在几十年的模拟记录报告中常规化了，然而，数字记录可以进行通用信号处理，这就可以常规地测量附加的波列参数。这些参数能够使人们更加深入地理解震源过程和地震矩的释放。不但可以拾取初动时间，而且可以标记其不确定性区间。进一步，对于一个给定波群，可以很快测量出几个振幅及相关周期，这就可以推断出破裂过程在空间与时间上是如何发展的。而且，真实地动位移脉冲的持续时间 t_w 和到达其最大振幅的上升时间 t_r，包含了有关震源大小、应力降和脉冲穿过地球传播时的衰减等信息。求出位移脉冲下的面积可以确定其信号矩 m_0（依赖于记录带宽和拐角周期），而信号矩与地震矩 M_0 相关（Seidl and Hellweg，1988）。最终，还能够从对波列包络线的分析中，推断出沿波的传播路径的散射衰减属性。

图4-6描述了与不同地震波形有关的各种参数。但是人们必须意识到，其中的每一个参数都严重地受到地震记录系统特性的影响（图4-17）。另外，人们可以对信噪比（SNR）加以分析，并将其作为表征信号强度以及震相与参数读数可靠性的定量参数来报

告。信噪比要么以所考查震相的最大振幅与信号前的环境噪声或由信号产生的噪声的比值来给出，要么更综合地通过确定谱的信噪比来给出（图4-47）。

虽然这些补充的信号参数能够相当容易和快速地用适当的信号处理和地震图分析软件来确定，但是测量和向数据中心报告它们的结果，仍不是一件通常的工作。然而，新近引入的用于参数报告和存储的格式更为灵活，并与电子邮件和因特网数据传输相结合，这将有望为其作为常规报告铺平道路。

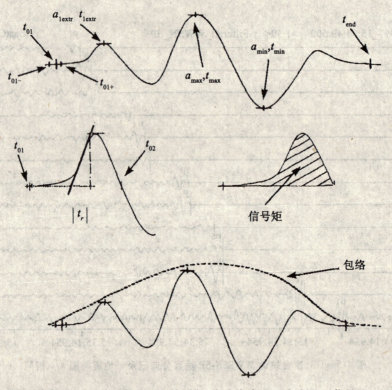

图 4-6 补充的信号参数，如多重小波振幅和相关周期、位移脉冲的上升时间 t_r、信号矩 m_s 和波列包络线

4.2.4 用于震相识别的判据

1. 走时和慢度

正如第2章中所概述的，已识别的地震波的走时不但是事件定位的关键信息，而且对于地震波到达的识别和沿波的传播路径的地球结构的确定也是关键信息。它同样适用于慢度矢量 s 的水平分向 s_x。有下面的关系式：

$$s_x = dt/dD = P = 1/V_{app}$$

式中，V_{app} 为波的水平向传播视速度；dt/dD 为走时曲线 $t(D)$ 在距离 D 处的观测点的斜率；P 为射线参数。由于地球结构是给定的，各种类型的地震波走时差就会系统地随震中距而变化。所以，识别单台记录地震波的最好工具是相对于 P 波初至的差值走时曲线（见 EX4.2 中的图4），或相对于发震时刻 OT 的绝对走时曲线（见 EXIL1 图4 或图2.48 中的阴影部分）。这可以通过使记录中各种可识别的地震波起始，尽可能地符合震中距 D

处的各种预期理论震相的走时曲线完成。

要确保所绘制的 $t(D)$ 曲线与记录有相同的时间分辨率，并研究在不同震中距处的符合情况。这样，相对走时曲线不仅可以用来识别最佳匹配震相，而且可以估算震中至台站的距离。但是要注意，某些震中距范围的不同类型地震波走时曲线（见 EX4.2 图 4）相互之间较接近，或者甚至重叠起来，例如 40°~50° 之间的 PP 和 PcP，75°~90° 之间的 S，SKS 和 ScS （图 4-7，图 4-54）。图 4-7 分别为 RSSD，RSNY 和 RSCP 等台站记录到的鄂霍次克海（Sea of Okhotsk）深源地震（1984 年 4 月 20 日，m_b = 5.9，h = 588km）的长周期水平向地震图的一部分，这些台站位于 S、SKS 和 ScS 的走时曲线分支重叠的临界距离范围内。因为震源深度较大，深震震相 sS 在时间上被清楚地分开了。正确的震相识别就需要考虑除了走时差之外的附加判据（见 4.2.4），通过考虑这些附加判据可以选择最可能的震中距。绝对走时曲线还可以估算发震时刻（见 EXIL1 和 EX4.2）。

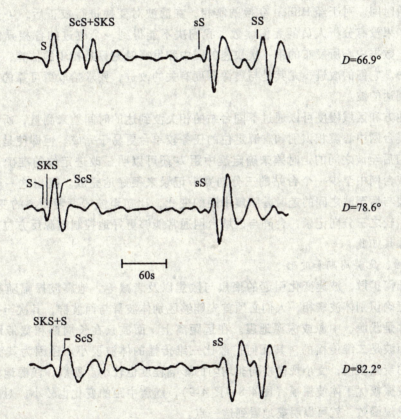

图 4-7 分别由 RSSD，RSNY 和 RSCP 等台站记录到的鄂霍次克海深源地震

但是要注意，绝对走时和（较小程度上）相对走时都随震源深度而变化（IASPEI 1991, Seismological Tables, Kennett, 1991），另外还可能出现深震震相（EX4.2 表 1）。还要注意：远震走时曲线（D>10°）几乎不随地区而变化。主要震相的理论走时与观测走时的差一般都小于 2s。相反，对于地壳和最上层地幔的震相，地方和（或）区域走时曲线随地区的变化非常大。这是因为地壳厚度和结构、年代及地震波的传播速度在大陆地区和海洋地区有明显的横向变化。这就意味着，为了改进震相的识别和估算震源距离与深度，

必须得到每个地区的地方和（或）区域走时曲线。

震中和（或）震源深度的快速估算，常常在给定台站的详细记录分析之前就已经从数据中心得到了。那么，诸如 SEISAN（Havskov，1996；Havskov and Ottemoller，1999）、SEIS89（Baumbach，1999）、GIANT（Rietbrock and Scherbaum，1998）或 Seismic Handler（SH 与 SHM）（Stammler，http：//www.szgrf.bgr.de/sh-doc/index.html）等现代地震图分析软件可以在记录上标记出所有主要震相的预期理论走时。这使震相识别变得容易。图 4-13 显示了一个用 Seismic Handler 分析记录的实例。

但是，根据全球平均模型计算的理论初动时间，应当只能指导震相的识别，而不能指导初动的拾取！应当意识到，现代全球地震学的主要挑战之一，就是地球的三维层析成像。所需要的是波速相对于一维地球参考模型的异常量的位置和大小。只有这样，地幔与地核中的物质流（它推动板块以及地球磁场的产生和其他过程的产生）才会被更好地理解。台站分析人员决不应当忽视自己能够由记录本身识别出的起始，而更相信计算机生成的理论起始时间。对于经 Hilbert 变换的震相，在滤波对变换进行校正后，可读出最佳起始时间。如果没有分析人员的无偏读数，我们决不能得到一个改进的各相异性的地球模型。而且，数据中心所发布的第一次快速的震中和发震时刻只是初步的估算，通常也只是基于初至的。它们的改进，尤其是与震源深度有关的改进，要求拾取更可靠的初动时间和识别后续到达的波。

因为地方和区域幔度可以通过不同台站的相关波到达的时间差来测量，所以地方台阵或区域地震台网中心震相识别和震源定位的任务较单台更易于完成。但即使是这样，根据 P 或 PKP 与后至波之间的走时差来确定震中距 D 还可以明显改进定位的准确性。这可以使用台阵或台网中至少一个台站的三分向宽带记录来很好地完成。提出这一建议的原因是，初至波与后至波之间的走时差随震中距的变化，比初至波幔度随距离的变化大得多。另一方面，较之三分向记录，台阵与区域台网通常能够更好地控制震源反方位角，对于小震级事件尤其如此。

2. 振幅、优势周期和波形

由于几何扩散，波速变化引起的聚焦与散焦以及衰减等，地震波振幅随震中距而变化。为了正确识别体波震相，人们必须首先能够区别体波群与面波群，其次至少能够粗略估计出事件是浅源、中源或深源地震。在远距离上，面波只在长周期和宽带地震图上可见。因为面波是二维传播的，其几何扩散比三维传播的体波要小。还因为其波长通常较长，面波的衰减较慢，受小规模横向非均匀的影响程度也较小。所以，浅源地震事件的记录中，面波振幅优于体波振幅（图 4-8～图 4-9），随震中距的变化也较小。对比体波与面波的震级量规函数，就可以明显地看到这一点。

但是，震源深度增加时，面波振幅相对于体波振幅就减小了，波长愈短，衰减愈强。这样，对于中源（大于 70km）或深源（大于 300km）的地震，它们可以变得比体波振幅还小，或者在地震记录上根本就不可识别（见 EX4.2 图 2）。这就提醒地震图分析人员寻找深震震相，深震震相通常能够从其基本震相中较好地分离出来，并易于识别（图 4-7）。

有助于震相识别的另一个特征是波形。最显著的特征是体波与面波之间的波形差异。当非频散的体波形成较短持续时间的波列时，面波频散会引起振幅缓慢增强继而减弱的长波序列。通常，较长周期的波首先到达（"正常"或"正"频散）（图 4-8～图 4-9）。但是，深入地幔直至软流圈（低速带）的甚长周期波（$T>60s$）可以显示逆频散。在地震波序列中，最长的波就会到达得较晚（图2-18）。

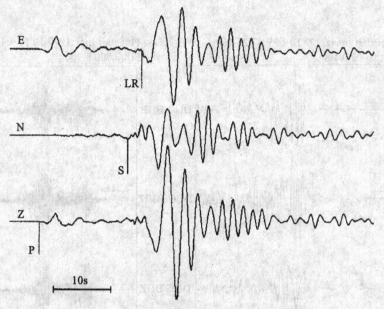

图 4-8 MOX 地震台对一次德国矿塌事件的三分向宽带速度记录，震中距为112km，反方位角为273°

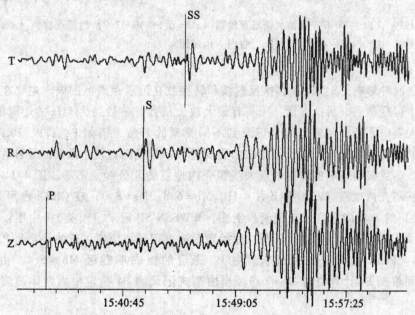

图 4-9 俄罗斯 Sevemaya Zemlya 以东地震（1997年4月19日，$D=46.4°$，$Mb=5.8$，$Ms=5.0$）经 T-R-Z 旋转的三分向地震图

一般来说，如果地震矩相同，天然地震的 S 波振幅大约是 P 波振幅的 5 倍。这是 P 波和 S 波有不同传播速度的结果。对于各种类型的波，其波谱也不相同。因此，P 波的震源

谱的拐角频率大约是 S 波的拐角频率的 $\sqrt{3}$ 倍。在经高频滤波的记录中，可以使 P 波的振幅相对于 S 波的振幅而增大（图 4-10 右图）。另外，S 波依赖于频率的衰减明显大于 P 波。

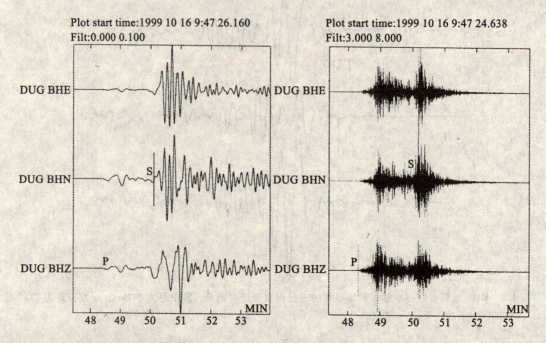

图 4-10　1999 年 10 月 16 日美国加利福尼亚地震（Mb = 6.6；Ms = 7.9）的低通滤波（<0.1Hz，左图）和带通滤波（3.0~8.0Hz，右图）地震图

由于这两种影响，S 波及其多次反射波和转换波在远震距离范围内，主要在长周期和宽带记录中可观测到。另一方面，用具有最大放大倍数、一般约为 1Hz 的短周期地震仪，在直至最大震中距处，都能很好地记录到不同类型的 P 波，诸如 P, PcP, PKP 和 PKKP 等。地震的破裂持续时间一般长于爆破的震源过程。其范围自较小微震的几秒钟，直至通常具有复杂多重破裂过程的震源的最大浅源壳内地震的几分钟而不等。图 4-11 是印度尼西亚苏门答腊壳内地震（2000 年 6 月 4 日；Mb = 6.8；Ms = 8.0）在 GRSN 台网 MOX 台站（$D = 93.8°$）的 P 波群垂直分向记录。上图：WWSSN-SP 记录（A 类）；中图：中周期基式 SKD 宽带位移记录（C 类）；下图：原始宽带速度记录。清晰可辨的是初至 P1 之后 25s 到达的 P4 = Pmax 的多重破裂过程。由 P1 确定的短周期震级 Mb = 5.4，由 P2 得到 Mb = 6.3，而根据 P4 计算得到 Mb = 6.9。当由基式记录的 P4 确定中周期体波震级时，则 Mb = 7.4。

较之浅源壳内地震，相同震级的深震，通常联系着较高的应力降和较小的震源尺度。这导致了较高频率的较强激发，并因此产生简单而类似脉冲的波形（图 4-13）。这同样适用于爆破的波形。对比相同震级的浅震，通常其震源尺度较小，震源过程较简单，且震源持续时间短得多（大多在毫秒范围内）。相应地，爆破会比地震明显产生更高频的能量，并且常常产生较短、较简单的波形。

在一些特定距离上，特别是在焦散点附近，体波会有相对较大的振幅。相反，振幅在影区（如对 104°以远的 P 波，见图 4-63）迅速衰减。在 15°~30°之间，P 波走时曲线双三重导致密集的连续起始，从而导致相当复杂的波形（图 4-46）。然而，在大约 30°~100°之间的距离上，P 波波形可能是简单的（图 4-52～图 4-53）。过了 PKP 的焦散点，在 145°<D<160°，纵向地核震相分裂成具有典型振幅-距离图像的三个走时分支。连同它们的系统相对走时差，使得震相识别及距离估算相当可靠，其误差小于 1°（图 4-62～图 4-63 以及 EX4.3）。

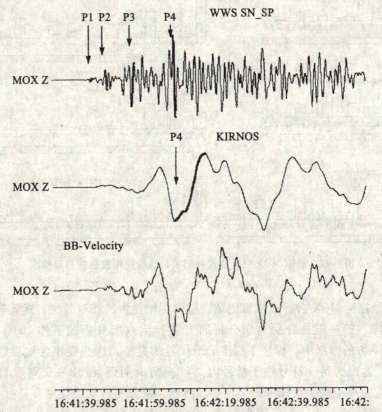

图 4-11 印度尼西亚苏门答腊壳内地震（2000 年 6 月 4 日；Mb=6.8；Ms=8.0）

图 4-12 是一张显示与后续体波震相相对于初至 P 波的相对频次，或者所分析事件数目 n 的简单示意图，分别作为震中距 D 在 36°~166°之间的函数。它们是基于德国 MOX 台站类型 A4（SP—短周期记录，小于 1.5s），B3（LP—长周期记录，20~80s）和 C（BB—宽频带位移记录，0.1~20s）的标准记录的观测结果而绘出的（Borman，1972a）。这些图表明，远震距离范围的短周期记录上，可以预计观测到的主要是以下纵波震相：P, PcP, ScP, PP, PKP（分支 ab, bc 和 df），P'P'（=PKPPKP），PKKP, PcPPKP, SKP 以及深震震相 P, PP 和 PKP。然而，在长周期和宽带记录中，另外还有 S, ScS, SS, SSS, SKS, SKSP, SKKS, SKKP, SKKKS, PS, PPS, SSP，此外，深震震相是经常被记录到的。对传统模拟照相记录的目视分析基础上得到的这个早期发现，最近已被全球数字地震台网（the Global Digital Seismic Network，GDSN）叠加的短周期和长周期记录所证实，而这些记录由宽频带记录滤波获得（Astiz et al., 1996）。

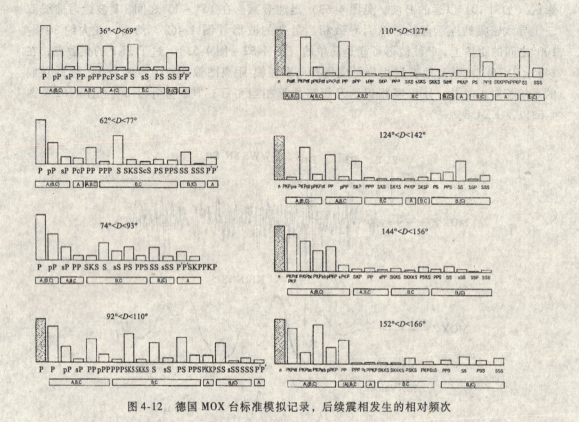

图 4-12 德国 MOX 台标准模拟记录，后续震相发生的相对频次

图 4-12 是德国 MOX 台标准模拟记录，后续震相发生的相对频次。远震震中距范围在 36°～166°之间。第一根柱分别与所分析的 P 波初至或所分析的事件 100% 相关（阴影柱）。震相柱下方的方框中，标注了标准记录仪器的类型，这些震相可被良好地或不那么频繁（清楚）地观测到（符号位于括号内）。A—短周期记录；B—长周期 LP 记录；C—基式 SKD 宽带位移记录，仅仅考虑了远震。然而，地方和区域地震主要是由 A 类 SP 短周期地震仪或用 Wood-Anderson 仪器来记录。对此，有几个原因：第一，SP 地震仪往往具有最大的放大倍数，因此，它们能够记录到（距离小于几百公里内的）零级甚至负震级的事件。第二，对于震级小于 4 级的事件，其震源位移谱的拐角频率往往大于 1Hz，即较小事件辐射出相对高频的能量。第三，在较近范围内，这些高频成分还没有因为衰减和散射过滤掉，而在远震范围，它们往往大于 1Hz。因此，大多数地方震记录不具有周期大于 2s 的波。然而，当 M1 增加到 4 级以上时，就产生了越来越多的具有大振幅的长周期波，如图 4-8 和图 4-10 所示，它们是这些地方震宽带记录的主要成分。

3. 偏振

P 波和 S 波是线性偏振的，在横向非均匀以及部分各向异性的真实地球介质中，则和这个概念稍有偏离。相反，面波或者可能在垂直于波传播方向的水平面上线性偏振（横向偏振，T 方向，例如勒夫波），或者可能在波传播（R）方向的垂直平面上做椭圆偏振。P 波质点运动主要是平行于地震射线的往返运动，而 S 波质点垂直于射线方向振动。相应地，一个 P 波的运动可以分解成两个主要成分，一个垂直（Z）分量，一个水平（R）分量。这同样适用于瑞利波，但在运动的 Z 和 R 分量之间具有 90°相移。另一方面，S 波可表现为或者在水平面上（SH，即纯T分量，像勒夫波一样）纯粹的横向运动，或者在与射线方向成直角的垂直传播面上（SV）的运动，或者在任意其他SH与SV的组合面上的运动。在后一种情况中，S波质点运动具有Z，R和T分量，而一个SV波可以再次分解为Z和R分量。

这样，当获得三分向记录时，就可以再现地震波在空间的质点运动，并用于地震波类型的识别。然而，水平地震计分向一般被定向为地理东（E）和地理北（N）方向。那么，首先必须计算得到震源反方位角（见EX11.2），然后水平分量必须分别转换成水平R方向和垂直T方向。当有数字三分向数据和适当的分析软件时，这一轴旋转是很容易实现的。甚至可以一步再次将R分量旋转到地震射线入射方向（纵波L方向）。Z分量被旋转到SV分量的Q方向，T分量保持不变。这样，以射线为取向的坐标系就建立起来了，可分别在三个不同分量L，T和Q中画出P，SH和SV波。对于给定的数字资料，这些轴转换易于由任意取向的正交三分向传感器来实现，例如广泛使用的STS2二轴传感器。但是，通过模拟三分向记录的手工测量和基本计算，能够很快地对偏振的主要类型进行判断，对台站至震源的反方位角进行估算（见EX4.2）。

注意，所有直达、反射和折射的P波和它们的多次波以及P到S的转换和S到P的转换，其优势运动均被限定于Z和R（或L和Q）平面中。这适用于所有地核震相，也适用于SKS及其多次波，因为K代表外核中P波的一个分支。相反，S波可能具有SV和SH两者的能量，这依赖于震源类型和破裂方向。然而，沿着S波传播路径的不连续性，相当于选择性的SH和（或）SV滤波器。因此，当S波到达自由表面时，其SV能量的一部分可能转换成P，进而形成一个SP震相。从而，和入射的S相比，反射为S的能量具有较高的SH分量。因此，SH和（或）SV混合类型的S波在地表被反射得越频繁，变为SH类型的成分就越多。相应地，SSS、SSSS等将表现得最为清楚，或者甚至仅仅是在T分量上，除非基本的S波主要是SV型（图4-13）。事实上，勒夫波是通过SH在自由表面上的重复反射造成相长干涉而形成的。类似的，当S波到达核幔边界时，部分SV能量转换成P，它或者折射进入地核（作为K），或者反射回到地幔成为P，进而形成ScP震相。所以，多次的ScS在T分量中也往往最为发育。

图4-13是由MOX台（$D=86.5°$）记录的尼加拉瓜地震的时间压缩，长周期滤波，三分向地震图（（SRO-LP仿真滤波器）。水平分量已经旋转（ZRT），其中R（辐射方向）在震源方向。地震图显示了长周期震相P，PP，SKS，SP，SS以及面波震相L（或勒夫波的LQ）与R（或瑞利波的LR）。给出了Z-R-T分量图上几个主要震相清楚分开的实例。在这样的震中距较大处（$D=86.5°$），P的入射角较小（约15°，见EX3.3）。因此，在Z分量上，P波振幅最大，而对于具有明显较大的入射角的PP，其振幅在R分量上几乎与在Z分量上一样大。对于P和PP，识别不出比噪音大的T分量。SKS在R分量中是很强的，并且只有很小的T分量（各向异性的结果）。震相SP具有较强的Z和R分量。勒夫波（LQ）作为T分量上的第一个面波出现，而它在R和Z分量上的振幅非常小。相反，瑞利波（LR）在R和Z上最强。本例中SS在R上也最大。由此可以得出结论，这一地震产生的S波几乎纯粹是SV类型。在其他情况下，大约80°S和SKS两种震相离的很近，仅仅利用R-T偏振的差别就能将S从SKS中分离出来（图4-14）。

如果我们补充使用了不同频带地震记录的走时曲线，并考虑P波、S波和面波的振幅、频率成分和偏振的系统差，且得知焦散点和影区发生的距离时，那么，对续至震相的识别就是一件很有趣的事情（见 4.2.4）。

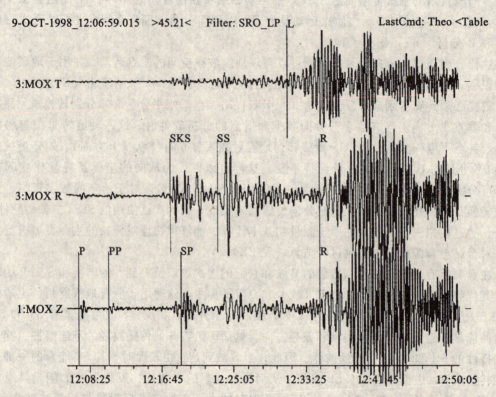

图 4-13 由 MOX 台（$D=86.5°$）记录的尼加拉瓜地震的时间压缩，长周期滤波，三分向地震图（SRO-LP 仿真滤波器）

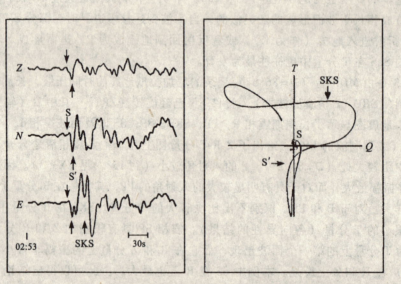

图 4-14 由 Kasperske Hory (KHC) 台在震中距 $D=78.5°$ 处记录的 1982 年 3 月 21 日日本北海道 $Ms=6.5$ 地震的 S 和 SKS 波群在射线方向的宽带记录

4. 地震图参数读取的文献和报告实例

图 4-15 来自 GRSN，GRF，GERESS 和 GEOFON 的 14 个台站模拟 WWSSN-SP 滤波后的地震图（震源参数由 NEIC-QED 给出：1998 年 9 月 24 日，OT 18：53：40.2；蒙古 46.274°N 106.237°E；深度 = 33km，Mb = 5.3，Ms = 5.4）。相关记录按震中距的不同进行了时间移动（BRG：$D=58.3°$，GRA1：$D=60.4°$，WLF：$D=63.0°$）。注意 P 波振幅的强烈变化和 P 波之后大约 12s 到达的清晰的深震震相 pP。显示了 GRSN 台网的台站所记录的一个远震的前一部分的图。尽管 P 波振幅在全台网有很大变化，但所有台站的初至 P 波都清晰可辨。这不是距离的影响（台网孔径小于震中距的 10%），而是不同地点场地条件的效应，其场地条件与地下的地质和地壳横向非均匀性有关。另外，场地效应对于一个确定的台站而言也不是一成不变的，它们依赖于震源的方位角和震中距。图 4-15 还显示了大部分台站在 P 波群之后 12s 左右的清楚的后至波。对于给定的事件和震中距，在初至 P 波之后的这一时刻不会有诸如 PP，PPP 或 PcP 等震相的到达（见 EX4.2 中图 4 的差值走时曲线）。识别这样的续至震相是非常重要的，它很可能是"深震震相"（见 4.2.5.1），利用它和初至 P 波联合确定震源深度比只用 P 波初至精确得多。

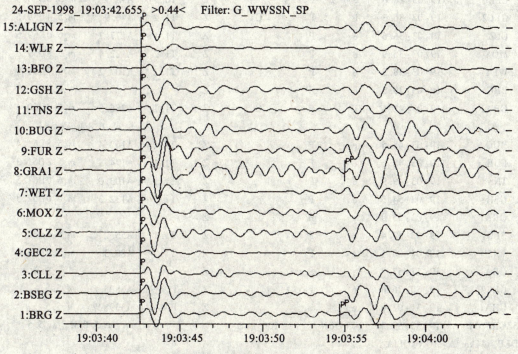

图 4-15 来自 GRSN，GRF，GERESS 和 GEOFON 的 14 个台站模拟 WWSSN-SP 滤波后的地震图

表 4-2 给出了图 4-15 所示的蒙古地震的一整套参数值，由位于德国 Erlangen 的格拉芬堡中心地震观测站（the Central Seismological Observatory Grafenberg, SZGRF）分析中心提供：

- 第一行：日期、事件标识符及分析人员。
- 第二行及其后各行：台站，起始时间，起始特性（e 或 i），震相名称（P，S 等），初动方向（c 或 d），所分析的分向，周期（s），振幅（nm），震级（Mb 或 Ms）

和震中距（°）。

- 最后两行：由 SZGRF 确定的震源参数：发震时刻 OT，震中位置，Mb 与 Ms 的平均值，震源深度以及 Flinn-Engdahl 地区的地名。

这些参数一般存储于数据库中，用于数据交换，并以列表的形式发表公告及因特网的信息发布。当时间准确性好于几十分之一秒时，才能用起始特性 i （脉冲式的），否则用 e （较缓的）表示。对于垂直向分量的初动方向，字母 c 表示压缩（初动向上或标为 "+"），字母 d 表示膨胀（初动向下或标为 "-"）。但是，当初动信噪比（SNR）较小，尤其当使用较窄频带的滤波器时，不应该给出初动方向，因为它可能失真或者被噪音淹没。宽频带记录更适用于偏振分析。

表 4-2 图 4-15 所示 GRSN 台网记录的蒙古地震的参数读数，由 SZGRF 分析中心提供

1998-09-24							ev_id 980924007	KLI
BRG	19:03:27.2	e	P		Z	T1.2	A135.5	m_b5.9 D58.3
ALIGN	19:03:27.2		P		Z	T1.1	A124.1	m_b5.8
BSEG	19:03:28.2	e	P		Z	T1.1	A198.3	m_b6.0 D58.4
CLL	19:03:28.6	e	P		Z	T0.9	A98.9	m_b5.8 D58.5
GEC2	19:03:36.3	i	P	C	Z	T1.2	A46.9	m_b5.4 D59.6
CLZ	19:03:36.6		P		Z	T1.1	A177.7	m_b6.0 D59.6
MOX	19:03:36.9	e	P		Z	T1.2	A122.4	m_b5.8 D59.6
WET	19:03:38.5	e	P		Z	T1.2	A107.2	m_b5.7 D59.9
BRG	19:03:39.3		pP		Z			
GRA1	19:03:42.6	i	P	C	Z	T1.1	A286.5	m_b6.2 D60.4
						b_slo 6.8	b_az 54	
BUG	19:03:48.5	e	P		Z	T1.1	A162.4	m_b5.8 D61.4
FUR	19:03:48.6	e	P		Z	T1.1	A174.3	m_b5.8 D61.3
TNS	19:03:49.9	e	P		Z	T1.1	A103.0	m_b6.0 D61.5
GSH	19:03:54.5		P		Z	T1.3	A132.3	m_b6.0 D62.3
GRA1	19:03:55.0		pP		Z			
BFO	19:03:57.4	e	P		Z	T1.1	A55.2	m_b5.6 D62.8
WLF	19:04:00.1	e	P		Z	T1.7	A80.3	m_b5.6 D63.0
GRA1	19:11:52.2		S		Z			D60.4
GEC2	19:30:36.0		L		Z	T19.9	A3895.8	M_s5.5
GRA1	19:31:03.6	e	L		Z	T20.6	A3398.7	M_s5.5
SZGRF OT	18:53:39.3		45.30N		106.84E		m_b_av 5.8	M_s_av 5.5
DEP 44km ▲ MONGOLIA								

注意，对于这个事件，国际数据中心 NEIC 只利用了 P 波初动的数据，而没有用深震震相约束，所以他们"确定"其震源深度为 33km。而由 GRSN 台网拾取的深震震相，pP-P 的平均时间差约为 12s，给出的震源深度为 44km。还要注意，表 4-2 中各台站记录确定的振幅（A）相互间有很大差别。由此得到的震级 Mb 在 5.4（GEC2）和 6.2（GRA1）之间！

4.2.5 用于事件识别与区分的判据

1. 区分浅震与深震

根据深度，地震常常被划分为：浅源地震（深度在 0~70km 之间）、中源地震（深度在 70~300km 之间）和深源地震（深度在 300~700km 之间）。但是，"深源地震"一词也常常应用于深度大于 70km 的壳下地震，它们一般位于岩石圈板块的消减带中，深入到上地幔中。正如上面所提到的，震源较深的大地震在地震图上最明显的标志是，面波振幅相对于体波振幅较小，且 P 和 S 波形相当简单，并经常带有脉冲式的初动（图4-13）。与浅源地震相反，深震的 S 震相有时甚至在远震短周期记录中也可识别。体波/面波比和所产生面波的类型也是区分天然地震（震源深一般大于 5km）与人工地震（人工采石爆破、地下爆炸或矿山岩爆，一般发生在较浅的深度）的关键判据（见 4.2.5）。

但是，要想更精确地确定震源深度 h，就必须要求台网的有效性（台网中至少有一个台站非常靠近震源，例如：该台满足震中距 $D<h$），或者能够识别出深震震相。常规地震图分析中，确定一个地震震源深度最准确的方法是识别和读取深度震相的起始时间，尤其当只有单台或只有远距离台网记录可用的时候。深震震相是一个特征震相，它是经震源附近的地球表面反射后的波（如：pP，sP）。远距离地震台站的深度震相 pP 或 sP 与直达 P 波的时间差随震中距变化缓慢，但随深度的变化却非常迅速。但 P 波与其他如 PcP, PP, S, SS 等基本震相之间的时间差随距离的变化却很快。当有不同震中距的台站记录可用时，基本震相和深度震相之间的这种不同走时特征使深度震相的识别变得容易。因为 P 波与 S 波的速度比大约为 $V_P/V_S=\sqrt{3}$，pP 和 sP 在 P 波之后，其走时差之比大体上为 $t(sP-P)\approx 1.5t(pP-P)$（图4-16~图4-17）。图4-16 是震中距范围为 50.1°~92.2°的台站记录的 1986 年 5 月 1 日秘鲁-巴西边境地区深源地震（$M_b=6.0$，$h=600km$）的短周期（左）和长周期（右）地震图。注意，P 与深震震相 pP 和 sP 之间的走时差几乎保持不变。相反，PcP 随震中距的增加与 P 越来越近，并在核幔边界共同掠射的入射处与 P 合并之后形成衍射波 Pdif。图4-17 是澳大利亚 Queensland 的区域台网，便携式宽带仪器，震中距范围为 18.8°~24.1°，三分向记录图（CMG3ESP 地震计；未滤波的速度响应）。事件发生于 New Hebrides，深度为 152km。根据 AK135 模型标定了预测的震相到时，深度震相 pP, sP 和 sS 都发育得很好，但由于几个波到时接近，其波形相当复杂。

对于诸如 pPP, sPP, pPKP, sPKP, pPdif, sPdif 等其他直达或多重反射的 P 波，pP 和 sP 与它们之间的走时差基本不变。S 也产生诸如 sS，sSKS 和 sSP 等深度震相。时间差 sS-S 只比 sP-P 稍大一些（图4-17），它随距离增加而增大，最大可达 sP-P 的 1.2 倍。其他深度震相也可以记录得很好，并能用类似于 pP 和 sP 的方法来确定震源深度。

如果已知大致的震中距，震源深度 h 可由有效的走时曲线或由深震震相走时差表获得，其误差为 $\Delta h\approx\pm 10km$。图4-18 给出了一个实例。它是西太平洋 Volcano Islands 一个深震（$h=119km$）的 GRSN 台网宽带记录图，震中距范围是 93°~99°。深震震相 pP 和 pPP 已被标出。根据 EX4.2 表1，由 pP-P 的时间差 31.5s 及平均震中距 96°，可推断出其震源深度为 122km。这个结果与 NEIC 用全球台网的数据测定的震源深度 $h=119km$ 非常接近。

注意，图4-18 中显示的记录上，深度震相 pP 和 pPP 比初至 P 波具有更大的振幅。如果给定的震源机制向上辐射的能量比向下辐射的能量大，就会出现上述情况，对于 sP 和

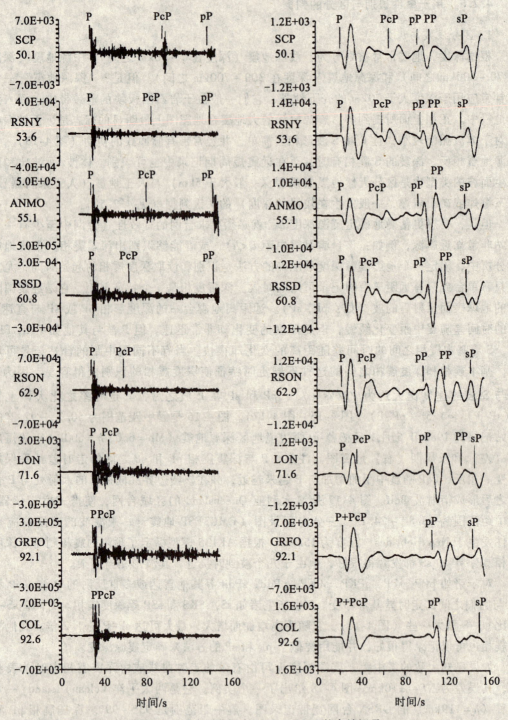

图 4-16 震中距范围为 50.1°~92.2° 的台站记录

sS 等也如此。注意，在图 4-18 中，pP，PP，pPP 的周期也比 P 波的要长。相应地，它们通过整个台网时，比起较短周期的 P 波有更大的相干性。图 4-37 显示了同一事件在德国 RUE 台站的记录，它是经长周期滤波和三分向旋转的，所有能识别的主要续至震相都做

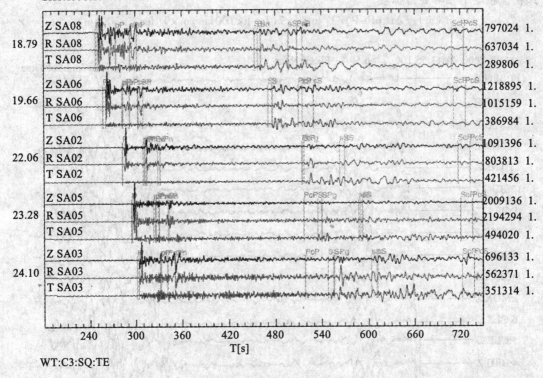

图 4-17 澳大利亚 Queensland 的区域台网三分向记录图

了标记。这幅图是寻找和综合分析续至震相的一个实例。图 4-18 是 GRSN, GRF 和 GEOFON 17 个台站记录的 Volcano Islands 地区深震宽频带垂直向地震图（NEIC 的震源数据：2000 年 3 月 28 日，发震时刻 OT 11:00:21.7 UT；22.362°N, 143.680°E；深度 119km; M_b = 6.8; GRAI 台站的 D = 96.80, BAZ = 43.5'）。各记录以震中距排序。P 波振幅小于 pP 振幅。周期较长的 PP，pP 和 pPP 等震相比 P 的相干程度大得多。

壳内地震的震源深度大多小于 30km，这样，深度震相就紧随其基本震相之后，以致其波形相互重叠（图 4-19）。深度震相的识别及初动拾取通常就不可能只通过对记录的简单视觉观察来实现。因此，在地震台站没有深度震相报告时，就像 NEIL 作初步（快速）震中测定 [Preliminary (Quick) Epicenter Determination] 的月报（Monthly Listing）中那样，各国际地震中心经常将（假定的）壳内事件的震源深度确定为 0km 或 33km, 图 4-15 所示事件就是这种情况。然而，由真实记录与计算得到的不同震源深度的合成地震图的最佳拟合能够使浅震的深度得以较好的估算。但波形拟合并非常规工作。图 4-19 是澳大利亚 Queensland 的区域台网，便携式宽带仪器，震中距范围为 7.9°~21.1°，三分向记录图（CMG3ESP 地震计；未滤波的速度响应）。事件发生于 Papua New Guinea, 深度为 15km。就像图 4-17 那样，根据 AK135 模型标定了预测的震相到时。初至震相、深度震相以及其他续至震相（例如 P 波群中的 PnPn 及 S 波群中的 SbSb 和 SgSg）叠加形成了复杂的波列。还要注意，有几个理论预期的震相的能量非常弱，以致它们不能在记录中被识别出来

（例如大部分台站的 PcP）。

在没有深震震相走时曲线或走时表时，可利用走时差 $\Delta t(pP-P)$ 根据下面的经验关系式快速粗略的估算震源深度

$$h[\text{in km}] \approx \Delta t(pP-P)/2[\text{in s}] \times 7(\text{for } h<100\text{km}) \text{ or} \times 9(\text{for } h>300\text{km})$$

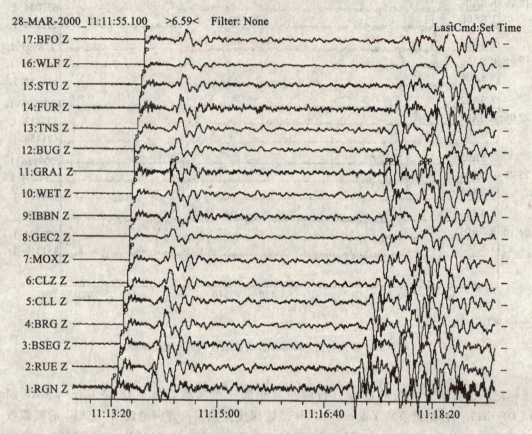

图 4-18　GRSN，GRF 和 GEOFON17 个台站记录的 Volcano Islands 地区深震宽频带垂直向地震图

2. 区分天然地震与人工地震事件

除了可控源地震学中的专用爆炸以外，采石和矿爆也可以激发强地震波。这些事件当中最大的近震震级可达到 2 至 4 级，并可在几百公里以外的距离被记录到。岩爆或矿山巷道的坍塌也可能产生相当强烈的地震波（见 EX4.1 图 3）。这些诱发地震事件的震级可达到 3 级，最大的可达到 5.5 级，并可在世界范围内记录到（如图 4-8 所示的矿塌就是这种情况）。一些国家有较低的或中等的天然地震活动性，但又有较多的爆破和矿山活动，这些人为的（人工的或人类诱发）地震事件在数量上超过了真正的天然地震记录。那么，地震学的重要任务之一就是可靠地区分不同震源类型的事件。图 4-39 将矿山诱发事件（a）和采石爆破（b）与地方震（c）和区域地震（d）进行了比较。地震图（a）和（b）显示，高频体波到达之后，在 Sg 后跟随着发育良好、频率较低并有清楚频散的瑞利面波（Rg，有较强的垂直分量）。两个地震记录（c）和（d）就不是这样，因为深于几公里的震源不会产生 Rg 型的短周期基阶瑞利波。对于更深的（壳下）地震，在几百公里的震中距内，只能被记录到 P 波和 S 波两组高频波列。根据这些频率成分和偏振的系统差

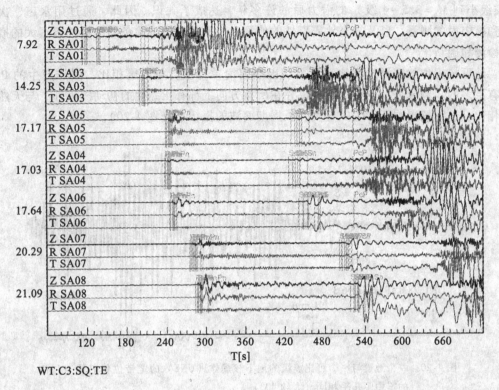

图 4-19 澳大利亚 Queensland 的区域台网，便携式宽带仪器，震中距范围为 7.9°~21.1°，三分向记录图

别，像 GRFO 这样大量记录采石爆破和矿山事件的台站开发了自动识别滤波器，用于区分人工地震与构造地震。Chernobay 和 Gabsatarova（1999）提供了许多其他（半）自动震源分类的算法以资参考。这些研究者对频谱图及 Pg/Lg 波谱比方法的效果进行了测试，使震级小于 4.5 级的区域地震与可比震级的化学（采石）爆破得以常规区分，这是基于俄罗斯高加索北部地区的地震台网获得的数字记录而完成的工作。他们的研究表明，在该地区还没有单一的方法能够对地震和爆破的信号进行可靠的区分。但是，通过自训练算法的应用，根据分级多参数丛分析，几乎 98% 的被研究事件能够被正确地分类，并分为不同震源的 19 个组。然而，局部地质与地貌条件以及地震震源机制与所采用的爆破技术都会随地区的不同而明显不同（见本章）。所以，并不存在一套简单明了而全球通用的判据来进行人工地震与天然地震的可靠区分。

在这个意义上，人们也应当讨论如何区分天然地震（EQ）与地下核爆炸（UNE）的问题。《全面禁止核实验条约》（Comprehensive Nuclear-Test-Ban Treaty，CTBT）经过了几十年的谈判，只谈了政治优先权的问题。全面禁止核实验条约组织预备委员会（Preparatory Commission for the CTBT Organization）已经成立，其总部设在维也纳（http://www.ctbto.org），它运作着一个国际监测系统（International Monitoring System，IMS；http://www.nemre.nn.doe.gov/nemre/introduction/ims—escript.html）。在 CTBTO 的框架中，一个实验性国际数据中心（Prototype International Data Center，PIDC，http://

www.pidc.org) 先在美国 Arlington 初步建成。自 2001 年，它被维也纳的国际数据中心（International Data Center，IDC）取代。在证明了地震学方法具备区分天然地震和核爆炸（震级小到 $M_b=3.5\sim 4$ 级）的潜力后的许多年，达成了共识。因此，通过用水声、次声波和核辐射的测量，以及补充地震事件的侦测，违反禁止核试验条约的事件以很大的概率被检测和确认。

地下核爆炸的震源过程比地震剪切破裂要简单得多。与地震相比，爆炸产生的 P 波具有更多的高频成分，也更像脉冲，并在所有方向上都有压缩性的初动。另外，与天然地震相比，地下核爆炸所产生的 S 波和长周期面波的振幅小（图 4-20）。

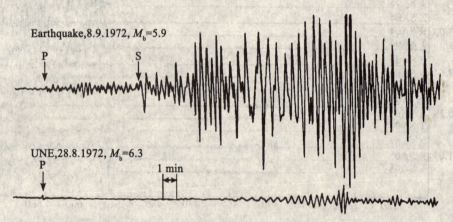

图 4-20　一个地震与一个可比震级的地下核爆炸（UNE）的宽带位移记录，它们的震中距几乎相同（大约 40°）

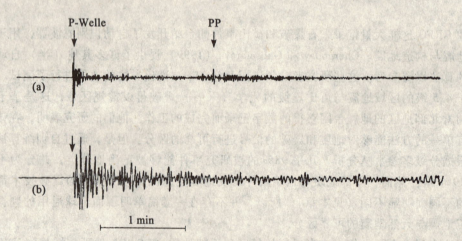

图 4-21　(a) 哈萨克斯坦 Semipalatinsk（SPT）试验场的一个地下核爆炸（$D=41°$）；
　　　　(b) 一个具有可比震级和相似震中距的地震

较高时间分辨率的短周期记录中，地下核爆炸与地震之间的 P 波群的频率成分、复杂性和持续时间的差别常常是明显的。图 4-21 给出了一个实例。早在 1971 年，Weichert 提出了一个区分地震和爆炸的先进的短周期频谱判据。而 Borman（1972）将信号复杂性和持续时间结合成频率成分中单个复杂性因子 K 的差值，形成了一个有效的启发式判别式。

另一个有效的判据是短周期 P 波震级 M_b 与长周期面波震级 M_s 之比。前者主要能量在 1Hz 左右，而后者的长周期能量主要在 0.05Hz 左右。相应地，所观测的爆炸的 Ms/Mb 的比值较地震的比值要小得多（图 4-20）。对于地震和地下核爆炸的全球样品而言，尽管两组样品在 Ms/Mb 图中重叠了，但当所考查的地震与爆破来自同一地区时，它们被很好地区分开来了（Borman，1972）。

早期研究显示，使用远距离单台的资料，100% 的所观测的 SPT 试验场的地下核爆炸能够从 95% 的中亚地震中分离出来，而对于更远距离的内华达试验场（$D=81°$），95% 的地下核爆炸能够从 90% 的美国西部和中美洲地震中分离出来（图 4-22）。

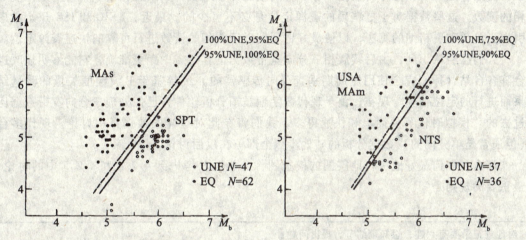

图 4-22　左：中亚（MA）及哈萨克斯坦 Semipalatinsk 试验场（SPT）；右：美国（USA）和中美洲（MA）及内华达试验场（NTS）

其他可能的识别判据，诸如由地下核爆炸和地震所预期的 P 波初动极性（爆炸总是为 +，地震为 + 与 − 的混合）的不同方位角分布尚未被证实具有足够的可靠性。一个原因是，为了达到最低可能的监测阈值而应用了高放大倍数的窄带滤波，P 波波形尤其是其初动半周往往有很大的失真，以致真正的初动极性在存在噪音的情况下不再能识别（图 4-10）。

详细的研究还揭示，关于爆破和地震震源之间差别的简化初始模型假设不能成立。令人惊讶的是，人们对爆炸震源知之甚少，且其 Mb 震级的震源尺度与地震的看似相同。另外，许多爆破并不近似半空间中类似点源的扩展源：产生了明显的勒夫波（例如 Novaya Zemlya 实验），许多地震图显示了不能解释的 P 波到达（Douglas and Rivers，1988）。此外，地下核爆炸与地震的观测记录的差别也不是由于震源差别，而是由于实验场周围更大地区的地质、地形和地震构造方面的差别，并且需要每个地区的标定，这一点已变得很清楚（Douglas et al.，1974）。

总之，对于大事件，要分离地震与爆破，其关键判据的效果通常可以说是很好的；但是，要试图将每一个震级低至 Mb = 4 左右的爆破，从大约每年 8000 个同等大小的地震中识别出来，就会出现困难。对这一问题的详细讨论超出了本节的范围。

4.2.6 通过单台三分向记录进行快速事件识别与定位

1. 三分向地震图分析的最佳方法

单台地震图分析正逐渐被地震台网或台阵中心的分析所取代，因为分析中心可同时接收许多台站的（准）实时数据，然后进行综合分析。尽管如此，在世界范围内特别是在发展中国家还运行着很多单台，其中有一些仍然只用模拟技术。只要有三分向记录（宽带或者短周期和长周期），台站人员仍然能够在这种"古老方式"的条件下完成很多工作。有了这样的记录，就有可能快速判断震源类型，粗略估算其位置和震级，很详细地识别后续震相，而不需要在详细的地震记录分析之前等待国际数据中心的快速震中测定的结果。而且，区域的和全球的数据中心非常期望能尽早地获得后续震相读数，特别是深度震相的读数。这些数据对于更精确的震源定位是必不可少的。最近，NEIC 和 ISC 开始考虑引入更灵活和更精细的算法，以便最好地利用后续震相的读数进行可靠的快速震源定位。

人们已经认识到，由后续震相三分向宽带数据估算的震中距更准确，它能够明显改进台阵各台站（原来完全使用短周期垂直分向传感器的）纯粹基于 P 波慢度矢量的测量结果而进行的定位估算。现在，由于现代数字地震图分析软件，已使处理三分向宽带数据比过去的"模拟时代"要简单和快速得多，我们将在此对这样的数据集中讨论。现代多台（但通常是单分向的）数据分析的其他步骤全部留在以后讨论。

那么，如何最好地进行地震图的模拟图像分析呢？考虑到 4.2.4 和 4.2.5 中的讨论，最重要的规则是：

对地震记录要有兴趣，想知道细节，提出问题：			
1		近震（$D<13°$）	或远震（$D>13°$）
判据			
频率	在 SP 记录上	$f \geq 1$ Hz	$f \leq 1$ Hz
振幅	在 LP 记录上	没有或较弱	后续震相较大
记录持续时间		<20min	>20min
（这个持续时间对于震级<5 的事件，对于较强的地震可能较大，见图 1.2）			
2		$D<100°$	或 $D>100°$
判据			
面波最大值	在 P 到达之后	$<45\pm5$min	$>45\pm5$min（DS3.1 中的表5）
记录持续时间	在 LP 记录上	<1.5h	>1.5h
（对于很强的地震可能较大，见图 1.2）			
3		浅震	深震（>70km）
判据			
面波	在 LP 记录上	较强	较弱或没有
深震震相	通常	不清晰	分离较好且清晰
波形	通常	较复杂	多为脉冲式

续表

对地震记录要有兴趣，想知道细节，提出问题：

4	第一个强水平到达	S	或 SKS
判据			
与 P 的时间差		<10±5min	≈10±5min
偏振	较大水平向振幅	在 R 和（或）T 中	仅在 R 中

警告：如果在 P 之后，第一个强水平到达波大约在 10±0.5min 之后，那就可能是 SKS。检查偏振！错误地将 SKS 解释成 S，就可能产生 D 的估算较短，最多可相差至 20°。更好地利用 D 加以控制，来寻找后续多个 S 到达（SP、SS、SSS）

5　对于 D>100°，第一个纵波和横波的起始是什么？

震中距超过 100°，第一个到达的波仍然可能是 P，尤其在远至约 150°大震的 LP 记录中可见。但该 P 波已在核幔边界产生绕射，并被称为 Pdif（原来的 Pdiff）。SP 记录中的初始通常是 PKiKP 和 PKPdf，或者在 SP、LP 记录和 BB 记录两者中，通常第一个强纵波 Z 分向的到达可能是稍后的 PP。水平（R）分量上第一个强到达是 PKS 或 SKS。错误地将第一个 P 波和 S 波到达分别解释成直达 P 和 S，可能导致 D 的估算较短，其误差大于 70°！这可以通过考虑 2 以下的判据加以避免。还应注意，在 PKPdf 和 PKS 或 SKS 之间的走时差（几乎）不依赖于距离！第一个 P 波和 S 波到达就不能用来估算距离。所以，要寻找诸如 SS、SSS 等后续多次反射 S 波，在这个距离范围内的水平 LP 记录上，它们通常发育得很好，并且往往能够以小于 2°的误差来估算 D

另外，对于识别爆破和地震，可以查看 4.2.5.2 中所讨论的判据。如果只有通常与地动速度成正比的甚宽带数字记录，在开始分析之前，最好对它们进行滤波，以生成标准模拟 WWSSN-SP 和 WWSSN-LP 地震图。也可以仿真基式 SKD 宽带位移和 Wood-Anderson（WA）短周期位移地震图，因为要按照已建立的标准做出适当的震级估算就要做些工作。只有在生成了这些地震图之后，才能开始进行详细的分析。分析工作可能包括震相识别，以及初动时间、振幅和周期的拾取，如果需要，还要使用特殊的滤波步骤，例如，对于横穿内部焦散点而失真的各震相进行逆 Hilbert 变换（见 2.5.4.3），或者根据偏振分离震相，以改进震相的识别。

当然，在每天都记录到许多地震的国家中，尤其对于未经训练的解释人员，不可能将所有这些判据应用于每个地震信号。另一方面，对于一个经验丰富的解释人员来说，他（她）已经将自己训练得能够在具有标准响应的系统中，立即识别出相关联的不同地震图记录图像，这样的检验只需要花费几秒钟，最多几分钟的时间。此外，很多数据中心只专门分析地方的、区域的或远距离的地震。相应地，所要提出的关于记录的问题或所要分析的信号在数量上都将明显减少。在使用诸如 SEISAN 或 Seismic Handler 这样的先进数字地震图分析程序的台站或分析中心，这项任务就变得非常轻松。如果已从国际的数据中心或者从台阵或台网记录的分析得到了最初的震源估算值，这些计算机程序就可以在记录上绘出理论预期的震相起始时间。但是，人们不应只盲从于这些理论时间，而应将它们看做助手。在为可识别的起始定名之前，必须考虑振幅、频率成分和偏振方面的附加信息（见 4.2.4 和 4.2.5）。

另一方面，将不同距离范围内震相出现与识别的更详细和严格的判据列出是没有意义的，因为它们因事件而不同，随震源区域而变化。它们还依赖于给定传播路径的特定条件和接收台站的地方环境。所以，每个台站操作人员或台网分析人员都必须通过经验和系统的资料分析来开发自己的判据，以改进地震图分析、震源识别和定位。但是，对任何一个事件的分析，都必须遵循上述给定的分析策略，这样可以避免产生对于科研和一般用户毫无价值的、非均匀和不完整的低质量数据。

2. 震源定位

如果很好地标定了的三分向宽带和（或）长周期记录，那么就可能对足够强的地方事件（Ml>3）和远距离事件（Mb>5）进行定位，其精度与未标定的台阵或台网的精度是可比的，甚至会更好。这已在30多年前（Borman，1971）由类型A，B和C的标准照相记录所证实。振幅和起始时间在那个时期还是用一般的直尺或刻度小于毫米的放大镜来测量的。尽管如此，和世界地震学数据中心所发布的震中坐标相比较，在20°~145°距离范围内所定位的震中的均方差小于300km。图4-23显示了根据几百个三分向事件定位的误差，随方位角和震中距的统计分布。左图：在台站MOX使用A类（短周期）和C类（基式SKD宽带位移）三分向记录确定反方位角Az（或BAZ）的误差。右图：MOX台站由C类记录在$10°<D<100°$距离范围使用走时差S-P，或在$D>100°$使用其他震相走时差估算震中距D的误差。实线表示对大量观测平均误差为90%的置信度范围；虚线表示对单个观测90%的置信度范围。

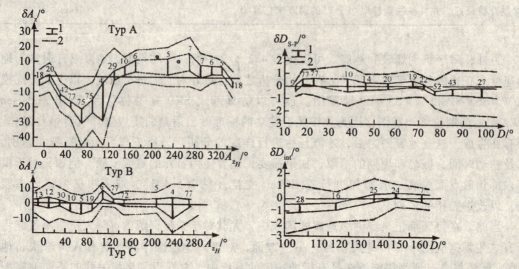

图4-23 根据几百个三分向事件定位的误差，随方位角和震中距的统计分布

大家认识到，基于P波初动以及后续震相的读数计算出的震中距其误差大多小于±1°，很少大于±2°（仅在震中距$80°<D<120°$的范围）。平均误差明显不等于零的很少，如果出现这种情况，也通常是在特定地区（特定的距离范围和（或）方位角范围）内。考虑这些系统误差，可以改进定位精度。同时也注意到，单台利用初动与续至震相的走时差定出的震中距的精度比仅利用远震P波幔度定位定出的还要好。因此，如今许多地震台阵和台网都使用多震相来测定震中距，以弥补基于幔度法定位的不足。这样一些先进的地震图分析软件，像SHM（见4.4.1），就包含了辅助人机交互式多震相定位分析特征。

从短周期三分向记录得到的反方位角，可能有高达几十度的系统误差。如果使用长周期或宽带记录，就不是这种情况。而当单独由短周期记录测定时，可能偏离真实震源方位角约40°。而宽带记录测定的反方位角（除非信噪比低）其误差很少大于10°。地壳中小尺度横向非均匀造成的散射和衍射波，以及台站附近场地起伏地形，使得短周期记录的地面质点运动变得非常复杂和随机性（Buchbinder and Haddon，1999）。相反，以较长波长信号为主的长周期或宽带记录常常显示出更简单的P波波形，它比短周期记录具有更清楚的初动极性。另外，其后续震相的到达显得清楚得多，或者只在宽带或长周期记录上才可以识别（图4-24），而这些震相对于从单台记录精确测定震中距是至关重要的。图4-24的左图：全球地震台网（Global Seismograph Network，GSN）的台站KIV对1999年9月7日希腊的浅震地震（$h=10km$，$M_b=5.8$，$D=13°$）的低通滤波数字宽带记录。注意，P波前半周的偏振极性可清晰识别！由Z，N和E分量上的初动极性测定反方位角（BAZ＝134°）之后，记录的各分量已旋转到Z，R和T方向。相应地，P波和瑞利波在Z和R上最强，而S波和勒夫波在T上最强。右图：短周期带通滤波之后（0.5～5.0Hz）的记录。P波初动振幅的信噪比小得多，并且它们的极性也不够清楚。对测定距离所需要的后续震相的到达也不再能识别（信号处理是用SEISAN完成的）。

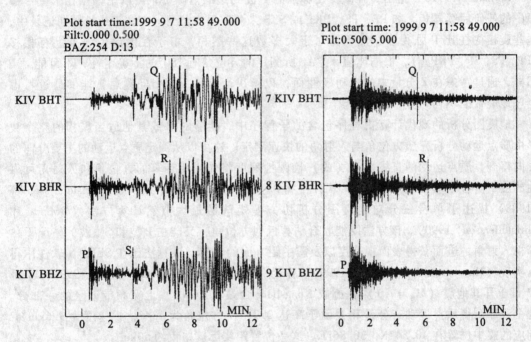

图4-24　台站KIV对1999年9月7日希腊的浅震地震（$h=10km$，$M_b=5.8$，$D=13°$）的低通滤波数字宽带记录

根据所识别的各震相起始时间的读数、P波初动的偏振极性和水平分量振幅比，进行简单的三分向事件定位，应当按照如下程序：
- 地震事件的一般分类（近震或是远震；浅震或是深震，$D<100°$或$D>100°$等）。
- 通过对比三分向记录和相关的偏振特征，拾取和识别最明显的震相（图4-24）。
- 测定震中距D，方法是：①将所识别的体波震相和相同时间尺度的差值走时曲线的任一个重合部分进行对比（见EX4.2图2～图4）；②测量它们的起始时间差，将它们和依赖于距离的各个差值走时表进行对比；③对于所识别的各个震相，根据数字时间拾取，并将地方的、区域的和全球的走时模型整合到分析程序中，用计算机计算出震中距 D。
- 以识别的深度震相为基础测定震源深度 h（见 4.2.5.1），接下来用走时曲线、差值走时表 t-D，或者用计算机辅助的时间拾取，并和走时模式相比较，再校正 D。
- 根据原始的 Z, N 和 E 分向记录初动方向，以及振幅比 A_E/A_N 来测定台站到震源的反方位角（相对北），详细内容见 EX4.2 图 1 和说明。
- 震中位置和坐标的测定。用适当的地图投影，图上带有等方位角及相等的到台站的距离的等值线（见 EX4.2 图 5），或者用适当的计算机地图投影来测定。

在缺少走时表、走时曲线或相关计算机程序的情况下，对于 D 的快速近似估算也可以使用如下的"经验公式"：

震源距离 D [in km] $\approx \Delta t$ (Sg-Pg) [in s] ×8 （仅在近距离范围） (4.1)

震中距 D [in km] $\approx \Delta t$ (Sn-Pn) [in s] ×10 （Pn-Sn 的范围小于 15°） (4.2)

震中距 D [in°] $\approx \{\Delta t$ (S-P) [in min] $-2\}$ ×10 （20°<D<100°） (4.3)

Borman（1971a）指出，在缺少足够强的 P 波到达的情况下，可以用偏振在垂直传播面中的任何后续震相，如 PP, PS, PKP 或 SKS 来测定反方位角。在宽带或长周期记录中，这些震相往往比 P 强得多。然而，对于大多数这些震相，由于在内部焦散点上有相移（PP, PS, SP, PKPab），根据比值 A_E/A_N 所测定的方位角有 180°的不确定性，不可能对 P 那样，通过考虑在 Z 分量中的初动极性而得以解决。但是，这个问题通常能够通过考虑全球地震带的不均匀分布而去除。

地震图分析的现代计算机程序包含的子程序中，能够对 P 或其他适当震相的整个波形由质点运动分析完成方位角与入射角的快速测定。这可以从测定质点运动的主要分向的方向得到，质点运动的直线性和（或）椭圆性程度将作为所计算的方位角和入射角可靠性的度量。各个算法已在 SEIS89 软件中得以实现（Baumbach, 1999）。Christoffersson 等（1988）描述了单台三分向地震图分析协方差矩阵的最大似然计算方法（Roberts 和 Christoffersson, 1990）。该方法既能联合估算近似方位角，又能在 P 波和 SV 波的情况下估算视入射角，进而获得表面视速度以及震中距方面的信息。该算法已在 SEISAN 软件中得以实现（Havskov and Ottemoller, 1999）。作为一个应用实例，图 4-25 给出了 1999 年 11 月 12 日土耳其地震（M_W = 7.1）在挪威 Kongsberg 台站（KONO）上宽频带记录的一部分。这个程序测得质点运动三分量相关因子高达 0.9，反方位角为 134°，视速度为 9.6km/s，相应的震中位置在 40.54°N, 30.86°E。这一位置距实际震中仅约 50km。

将类似算法应用于区域地震距离范围的短周期 P 波记录的数字三分向数据，Walk 和 Chael（1991）认为，75% 以上的记录得出的方位角与正确值相差在 20°之内。但他们发现，这较强地依赖于地质结构。当台站位于前寒武纪岩层上时，对于 SNR>5dB，能够得到精确的反方位角，而当台站位于具有复杂结构的沉积岩上时，则误差要大得多。除去这些台站，对于 SNR>10dB 的台站记录，反方位角均方根（rms）误差只有 6°左右。

Ruud 等（1988）发现，对于震中距远至约 1000km 的事件的三分向定位，很少偏离台网测定结果 50km 以上，而这一偏离主要是由于方位角的估算误差。然而，对于短周期远震 P 波，定位误差偶尔会超过 800km，主要因为只根据入射角（幔度）估算距离的结果较差。对于强震，如果能够使用宽带记录，就可以用走时差进行距离测定。那么，定位误差就减小到 1°左右。因此，三分向高分辨数字宽带数据能够获得可靠快速的震中定位，哪怕是只用单台记录。甚至那些仍然使用模拟记录的台站数据，也能提供快速可靠的震中估算。对于单台和台网的组合定位，参见 Cassidy 等（1990）。

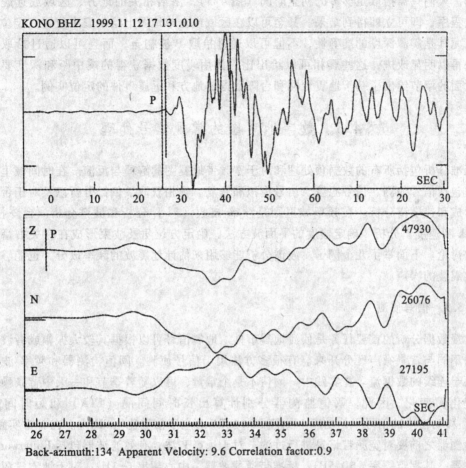

图 4-25　挪威 KONO 台站三分向数字宽带记录的相关分析

4.2.7　震级测定

当已知（至少是粗略的）地震震源的震中距和深度时，就能估算事件的震级。震级测定（以及振幅、周期或记录持续时间的测量）所要遵循的一般步骤，以及用于地方、区域或远震记录的不同震级标度的具体说明，请参考相关的教科书。各种操作步骤可通过 EX3.1 进行学习，练习中给出了各个任务的答案。

4.2.8　通过台网和台阵记录进行震源定位

如果至少有三个台站的记录可用，震源定位就简化了。这些台站在震源周围在方位角和距离（距离范围由近而远）上分布得越均匀，用于定位的震相越多，则定位的不确定性就越低。手工和计算机辅助多台震源定位的基本理论和程序可参考教科书。

EX11.1 的目的是使用台网内和台网外的地方台站的地震图，通过简单的画圆和交切的方法进行震中定位。每个台站都必须首先识别其记录中的 Pg，Sg，Pn 和（或）Sn 等震相，并使之与地方走时曲线相匹配，从而确定震中距。

当可以获得多台数字记录数据和先进的地震图分析软件时，震源定位几乎就是一项简单工作。人们只需拾取足够多的初至时间（图4-5），激活相关的地方、区域或远震事件的定位程序，即可立即得到结果。甚至可以在区域或全球地图上绘出震中位置。定位的准确性，尤其是震源深度的准确性，不但可以通过拾取 P 波初至，而且可以通过拾取后续震相来得以明显改进，这些震相可以给出比只使用幔度数据获得的震中距和深度要好得多。后面的章节给出了基于地震台网和台阵数据的地方和远震事件的定位实例。

§4.3 数字地震图的常规信号处理

标准分析包括所有的数据预处理和对于宽频带地震图的解释与反演。在时间域里重要的处理包括信号侦测、信号滤波、信号模拟和恢复、震相获取、偏振分析以及对于台阵的波束形成和速度谱分析。在频率域里则是频率-波数（f-k）分析和波谱分析。台阵技术，比如 f-k 和速度谱分析、确定幔度的平面波方法、确定方位角及波束形成在有关书籍里有详细的讨论。下面举了几个例子。波谱分析能够用来估计地震波的频率成分，也能够用于研究地震波的噪声。

4.3.1 信号侦测

常规数据分析的首要任务是侦测地震事件。地震信号可以根据其较大振幅或者波形和频率的不同与背景噪声区分开来。有很多方法用于信号侦测。阈值检测器和频率-波数分析应用于连续的数据流。在实践中，阈值不是个常量，可以随着季节和一天中背景噪声水平的变化而变化。因此，阈值监测器分别计算出长时间间隔（LTA）和短时间间隔（STA）移动窗中的信号平均功率。比值 STA/LTA 对应于信噪比（SNR）。在日常实践中，使用检测器之前要对宽频带记录进行过滤。对于远震 P 波，有效滤波器包括 Butterworth 高通滤波器，其拐点频率 f_c>0.5Hz；标准带通滤波器，中心频率 f=1Hz；对于地方震源，使用高通滤波器，其拐点频率 f_c>1.0Hz。图 4-26 描述了一个弱的短周期 P 波的侦测和初始时间测定。在宽频速度地震图不低于 30s 的时间段内，海洋产生的优势周期为 4~7s 的微震占统治地位。另外两条曲线经过了带通滤波，对应于 WWSSN_SP 地震图以及二阶 Butterworth 两步窄带通滤波器，此滤波器的截断频率分别为 0.7Hz 和 2Hz。对于 GRF 台阵的背景噪声而言，上述的二阶 Butterworth 两步窄带通滤波器可产生最好的远震事件信噪比。地震台网的主要目的是侦测地方震。由于背景噪声的不同，要想获得最佳的侦测效果，可能需要选择另外的滤波器参数。图 4-26 是带宽和信噪比（SNR）：对宽频速度记录仪数据进行 WWSSN_SP 仿真滤波（中间的曲线）或者 Butterworth 带通滤波（BP；最上面的曲线）可以侦测出淹没在噪声水平范围内的一个很小的短周期 P 波到达（下图）。原始宽频带（BB）记录的 SNR 是 0.2。应用 WWSSN_SP 仿真滤波后，SNR 是 1.0，BP 滤波后，SNR 值是 2.0。这是德国的 GRA 1 台记录的地震图，发震时刻为 2002 年 3 月 25 日 UT（国际时）6：18：13，震中为 Kurile 岛。

一般来说，当 SNR 超过预设的阈值时，就定义为一个地震事件。许多不同的方法或个人的经验可用来区分。通常，侦测到的地震、矿震事件和各种不同的爆炸信号被用于常规参数提取和数据交换。

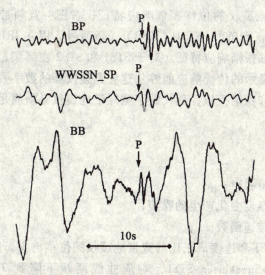

图4-26 德国的 GRA 1 台记录的地震图，发震时刻为 2002 年 3 月 25 日 UT
（国际时）6：18：13，震中为 Kurile 岛

4.3.2 信号滤波、模拟与复原

传统的宽频地震仪记录地面位移（比如俄国的基尔诺斯地震仪，约在 2.5 个十倍频程或 8 个倍频程内）。IDA 系统（国际加速度计组织）在 20 世纪 70 年代部署 LaCoste-Romberg 重力仪用来记录和地面加速度成正比的强震产生的长周期波，其频率从 DC 到大约 1Hz。现代强震仪，比如 Kinemetrics 公司的 Episensor ES-T 在从 DC 到 200Hz 的更宽频带内对于地面加速度有一个平的响应。而用于微震的，带反馈控制的宽频带地震仪（BB）通常与地面速度成正比。它们通常不适合于直接的可视记录分析和时间域里的参数提取。弱震的低频信号和面波难以识别。因此，BB 数据必须用数字滤波器滤波，以便为特殊研究和分析产生最优地震图。

对于某些研究工作和宽频带地震图的常规处理，使用高通滤波器、低通滤波器和带通滤波器通常足够了。然而，同时处理多道数据，或者根据国际通行的标准确定震源参数（比如体波和面波震级，它们是建立在以前模拟有限带宽记录基础上的）经常需要对特定的响应进行模拟，这些特定的响应包括传统的模拟地震图（Seidl，1980）。另一个特殊的模拟问题是"复原"。复原就是地震仪系统的再现，这些地震仪系统的传递函数在最大的可能频率范围内直接和地面位移、速度或者加速度成正比。接近零频的实际地面位移的还原是在频谱和时间域内确定地震矩张量的前提条件（例如信号矩；图4-6）。要做到这些，计算上需要把地震仪的最低拐点频率扩展到远远超过物理传感器的最低拐点频率。任意有限带宽地震仪的模拟，以及极宽频带的地面运动复原，是现代数字宽频数据日常预处理的必要步骤。模拟就是将给定的一种地震图映射成另一种地震仪的地震图，如传统的模拟标准记录 WWSSN_SP，WWSSN_LP，KIRNOS，SRO_LP 和 Wood-Anderson（WOODAND）等。直到现在，用来确定体波和面波震级 M_b 和 M_s 的振幅和周期，都是分别在模拟 WWSSN_SP 和 WWSSN_LP 或者 SRO_LP 地震图上测量出来的。原始的里氏地方震级的最大振幅是在 Wood-Anderson 模拟地震图上测量出来的。图 4-27 描述了这些地震仪的位移响应，左图：传统标准地震仪的位移振幅响应特征；右图：宽频带地震仪 STS1（GRF）（老型号，用在 Grafenberg 台阵），STS1（VBB）（新型号，用在 IRIS 全球台网）和 STS2 的传统标准地震仪的位移振幅响应特征。对于 STS1 和 STS2 在高频显示的是没有经过去除假频滤波的结果。左边显示的传统响应能够从这些宽频仪器的数字数据进行模拟得出。

要想做到高精确度和稳定模拟，现代数字宽频带地震仪必须满足以下特性：
- 大的带宽；
- 大动态范围；
- 高分辨率；
- 很低的地震仪自身噪声；
- 很低的由气压和温度变化产生的噪声；
- 已知准确的解析传递函数。

图 4-27 的右边描述了和速度成正比的宽带地震仪的位移响应，这些地震仪有：
- 最初的 Wielandt-Streckeisen STS1，响应曲线两端下降到 3dB 间的频带宽度为 0.05～5Hz（反假频滤波器），即两个十倍频程。这些仪器为部署在德国 Grafenberg/Erlangen 周围的全球第一个宽频台阵（GRF）（图 4-3a）；
- 先进的 STS1，普遍用于全球的 IRIS 台网的甚宽频带台站（在 5Hz 和 360s 之间速度带宽大约是 3.3 个十倍频程）；
- STS2 地震仪，这种仪器工作的频率范围是 0.00827～40Hz（速度频带是 3.7 个十倍频程或者大约 12 个倍频程）。这些仪器用在德国的区域地震台网（GRSN；见图 4-3a），并且在全球范围内用在 GEOFON 台网和很多其他台网的台站。

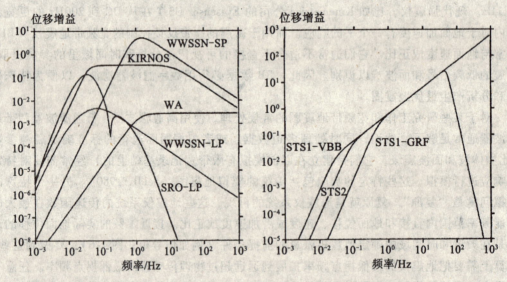

图 4-27 地震仪的响应特征

所有这些地震仪，在它们通常的工作范围内可以考虑成线性系统。线性系统的传递函数 $H(s)$ 可以通过极点和零点由下面的公式进行计算：

$$H(s) = N \cdot \prod(s - z_i) \Big/ \prod(s - p_k) \tag{4.4}$$

式中，N 为增益系数；$s = j\omega$，$\omega = 2\pi f$，j 为复数 $j = \sqrt{-1}$；z_i 为零点，$i = 1$，…，m；p_k 为极点，$k = 1$，…，n。零点就是在式(4.4)中使分子为 0 的值，极点就是使分母为 0 的值。

表 4-3 对典型的标准响应 WWSSN_SP，WWSSN_LP，WWOODAND，KIRNOS 和 SRO_LP 的增益系数、零点和极点做了总结。零点和极点控制着地震仪响应曲线。表 4-4 给出了 3 个宽带响应的零点和极点，响应曲线如图 4-27 右图中所描述，没有给出增益系数，因为它们依赖于特定的数据获取系统及其灵敏度。

使用表中给出的数据，能很容易地分别计算这些地震仪的准确响应。比如，我们来分析 WWSSN_SP 的响应曲线。根据表 4-3 它有 3 个零点和 4 个极点。因此我们可以将式(4.4)写成：

$$H(s) = N \cdot s^3 / (s-p_1)(s-p_2)(s-p_3)(s-p_4) \tag{4.5}$$

这里

$$p_1 = -3.3678 - 3.7315j$$
$$p_2 = -3.3678 + 3.7315j$$
$$p_3 = -7.0372 - 4.5456j$$
$$p_4 = -7.0372 + 4.5456j$$

响应曲线的低端圆频率（就是 WWSSN_SP 地震仪的本征频率）的平方是 $\omega_l^2 = p_1 \cdot p_2$，而高端圆频率的平方（用在典型的 SP 记录里的检流计）是 $\omega_u^2 = p_3 \cdot p_4$，因为复共轭的乘积 $(a+bj)(a-bj) = a^2 + b^2$，从上面给出的极点的值，得出：

$$\omega_l^2 = 25.27，这里 f_l = 0.80 \text{Hz}$$

$$\omega_u^2 = 70.18，这里 f_u = 1.33 \text{Hz}$$

比较图 4-27 左图描述的 WWSSN_SP 位移响应的拐点频率的值，可以知道最大的位移放大率（斜率近似为零处）实际上位于这两个值之间。进一步，极点的共轭对，比如 p_1 和 p_2，或者 p_3 和 p_4 对应于振幅响应的二级拐点，也就是响应曲线渐进线的斜率的二阶变化。再进一步，低频末尾处的响应曲线的斜率是由零点的个数决定的，曾考虑过的例子 WWSSN_SP 是 3 个零点 [比较式（4.3）和表 4-3]。因此，在这条曲线的低频末端，WWSSN_SP 响应根据它的 3 个零点得出的斜率为 3。斜率的值在第一个极点对处，也就是在 $f_l = 0.8 \text{Hz}$ 的地方有变化，它的值从 3 变到 1，变了 2 级（也就是说和速度成比例），在 $f_u = 1.33 \text{Hz}$ 的地方，它的值又从 1 变到 -1。在图 4-27 中可以清晰地看到这种变化。同理，可以分析图中给出的所有响应曲线，并且可以用表 4-4 给出的极点和零点的值根据式(4.4)进行精确计算。如果用表 4-3 给出的 WWSSN_LP 的值进行同样的计算，能够分别得出 $f_l = 0.06667 \text{Hz}$，这个频率对应于 15s 的地震仪，$f_u = 0.009998$，这个频率对应于原始 WWSSN_LP 地震仪中使用的 100s 的检流计。EX5.5 的目的是通过 SEED 头段信息根据上述思路来计算并建立地震仪响应，全球台网中有若干个台站在运行这样的地震仪。

表 4-3 与图 4-27 左图描述的传统的标准地震仪 WWSSN_SP，WWSSN_LP，Wood-Anderson（WWOODAND），KirnosSKD 和 SRO_LP 的位移传递函数对应的零点和极点

地震仪	零 点	极 点
WWSSN_SP	(0.0, 0.0)	(−3.3678, −3.7315) (=p_1)
	(0.0, 0.0)	(−3.3678, 3.7315) (=p_2)
	(0.0, 0.0)	(−7.0372, −4.5456) (=p_3)
		(−7.0372, 4.5456) (=p_4)
WWSSN_LP	(0.0, 0.0)	(−0.4189, 0.0)
	(0.0, 0.0)	(−0.4189, 0.0)
	(0.0, 0.0)	(−6.2832×10^{-2}, 0.0)
		(−6.2832×10^{-2}, 0.0)
WA	(0.0, 0.0)	(−6.2832, −4.7124)
	(0.0, 0.0)	(−6.2832, 4.7124)
Kirnos SKD	(0.0, 0.0)	(−0.1257, −0.2177)
	(0.0, 0.0)	(−0.1257, 0.2177)
	(0.0, 0.0)	(−80.1093, 0.0)
		(−0.31540, 0.0)
SRO_LP	(0.0, 0.0)	(−1.3000×10^{-1}, 0.0)
	(0.0, 0.0)	(−6.0200, 0.0)
	(0.0, 0.0)	(−8.6588, 0.0)
	(−5.0100×10^1, 0.0)	(−3.5200×10^1, 0.0)
	(−0.0, 1.0500)	(−2.8200×10^{-1}, 0.0)
	(−0.0, −1.0500)	(−3.9300, 0.0)
	(0.0, 0.0)	(−2.0101×10^{-1}, 2.3999×10^{-1})
	(0.0, 0.0)	(−2.0101×10^{-1}, −2.3999×10^{-1})
		(−1.3400×10^{-1}, 1.0022×10^{-1})
		(−1.3400×10^{-1}, −1.0022×10^{-1})
		(−2.5100×10^{-2}, 0.0)
		(−9.4200×10^{-3}, 0.0)

注意，仅当地震仪的输入函数是地面位移（振幅 A_d）时，表 4-3 和表 4-4 给出的极点和零点才是正确的。如果滤波器的输入函数不是位移，表 4-3 给出的值不适合用来模拟传统地震仪的响应。例如 STS2 的输出，作为模拟滤波器一个输入信号，这个信号在频率范围 0.00827～40Hz 内是和速度成比例的，振幅是 $A_v = \omega A_d$。相应地，仿真滤波器的传递函数 $H_{fs}(s)$ 是记录仪传递函数 $H_r(s)$ 的反函数和模拟地震仪的传递函数 $H_s(s)$ 的褶积：

$$H_{fs}(s) = H_r^{-1}(s) \times H_s(s) \tag{4.6}$$

即使对于同样要模拟出的 $H_s(s)$，模拟滤波器的零点和极点也是不同的，它依赖于记录仪的极点和零点。例如，表 4-5 给出所需要的位移滤波器的极点和零点，用来从 STS2 的输出数据模拟典型的仪器响应。

图 4-28 将 WET 台站 STS2 的原始三分向速度宽频带记录（德国一个区域事件）与模拟的 WWOODAND 地震图进行比较，下面三条是原始的宽带速度记录，采样率为 80Hz（BB）；上面的三条是模拟 Wood-Anderson（WA）的记录。注意，和位移成比例的

WA 记录比 STS2 记录（图 4-27，与速度成比例）包含较少的高频振动。对于一个远震，图 4-29 给出了 STS2 宽频带速度记录（BB-velocity）和模拟 WWSSN_SP 以及 LP 响应的记录图。图 4-30 和图 4-31 给出了两个以上关于模拟记录和甚宽带实际地面位移还原的例子。从上到下：GRFO 台站记录到的与速度成正比的原始宽带记录图、还原出的与位移成正比的宽带记录图、P 波群仿真的短周期（WWSSN_SP）及仿真的长周期（SRO_LP）地震图。甚宽带地面位移的还原是通过给定的记录仪的位移响应与其逆做褶积得到：

$$H_{rest}(s) = H_s^{-1}(s) \times H_S(s) \tag{4.7}$$

表 4-4 与图 4-27 右图相对应，给出了与速度成比例的宽频带地震仪 STS1（GRF），STS1（IRIS）和 STS2 的位移传递函数的零点和极点。德国 Erlangen 的 SZGRF 的一项日常工作就是根据这些仪器的输出数据模拟传统标准地震仪 WWSSN_SP，WWSSN_LP，Wood-Anderson（WWOODAND），Kirnos 和 SRO_LP 的地震图

地震仪	零点	极点
STS2	(0.0, 0.0)	(-3.674×10^{-2}, -3.675×10^{-3})
	(0.0, 0.0)	(-3.674×10^{-2}, 3.675×10^{-3})
	(0.0, 0.0)	
STS1（GRF）	(0.0, 0.0)	(-0.2221, -0.2222)
	(0.0, 0.0)	(-0.2221, 0.2222)
	(0.0, 0.0)	(-31.416, 0.0)
		(-19.572, 4.574)
		(-19.572, -24.574)
		(-7.006, 30.625)
		(-7.006, -30.625)
		(-28.306, 13.629)
		(-28.306, -13.629)
STS1（VBB）	(0.0, 0.0)	(-1.2341×10^{-2}, 1.2341×10^{-2})
	(0.0, 0.0)	(-1.2341×10^{-2}, -1.2341×10^{-2})
	(0.0, 0.0)	

表 4-5 从 STS2 速度宽频带记录分别模拟标准地震仪 WWSSN_SP，WWSSN_LP，Wood-Anderson（WWOODAND），Kirnos SKD 和 SRO_LP 记录时所用模拟滤波器的极点和零点

仿真滤波器	零点	极点
WWSSN_SP	(-3.6743×10^{-2}, -3.6754×10^{-2})	(-3.3678, -3.7316)
	(-3.6743×10^{-2}, 3.6754×10^{-2})	(-3.3678, 3.7316)
		(-7.0372, -4.5456)
		(-7.0372, 4.5456)
WWSSN_LP	(-3.6743×10^{-2}, -3.6754×10^{-2})	(-0.4189, 0.0)
	(-3.6743×10^{-2}, 3.6754×10^{-2})	(-0.4189, 0.0)
		(-6.2832×10^{-2}, 0.0)
		(-6.2832×10^{-2}, 0.0)
WA	(-3.6743×10^{-2}, -3.6754×10^{-2})	(-6.2832, -4.7124)
	(-3.6743×10^{-2}, 3.6754×10^{-2})	(-6.2832, 4.7124)
		(0.0, 0.0)

续表

仿真滤波器	零 点	极 点
Kirnos SKD	$(-3.6743\times10^{-2}, -3.6754\times10^{-2})$ $(-3.6743\times10^{-2}, 3.6754\times10^{-2})$	$(-0.12566, -0.2177)$ $(-0.1257, 0.2177)$ $(-80.1094, 0.0)$ $(-0.3154, 0.0)$
SRO_LP	$(-3.6744\times10^{-2}, -3.6754\times10^{-2})$ $(-3.6743\times10^{-2}, 3.6754\times10^{-2})$ $(-5.0100\times10^{1}, 0)$ $(-0, 1.0500)$ $(-0, -1.0500)$ $(0.0, 0.0)$ $(0.0, 0.0)$	$(-1.3000\times10^{-1}, 0.0)$ $(-6.0200, 0.0)$ $(-8.6588, 0.0)$ $(-3.5200\times10^{1}, 0.0)$ $(-2.8200\times10^{-1}, 0.0)$ $(-3.9301, 0.0)$ $(-2.0101\times10^{-1}, 2.3999\times10^{-1})$ $(-2.0101\times10^{-1}, -2.3999\times10^{-1})$ $(-1.3400\times10^{-1}, 1.0022\times10^{-1})$ $(-1.3400\times10^{-1}, -1.0022\times10^{-1})$ $(-2.5100\times10^{-2}, 0.0)$ $(-9.4200\times10^{-3}, 0.0)$

然而，式（4.7）只有当信号的振幅在有效频率范围内远远大于背景噪声、仪器自身及数字噪声时才能工作得很好。

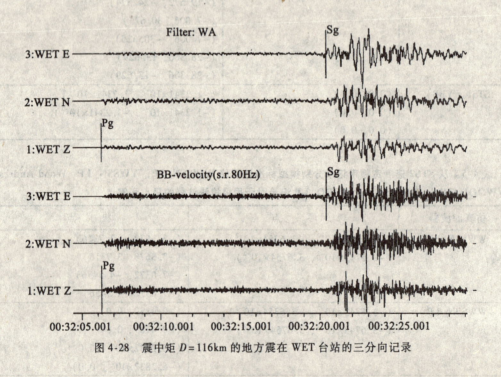

图 4-28 震中矩 $D=116$km 的地方震在 WET 台站的三分向记录

图 4-29 和图 4-30 清晰地显示出地震仪的带宽和中心频率的差别无论对单个的波形还是整体地震图形状都会产生巨大的影响。这在模拟仿真的远震记录里特别明显。图 4-30

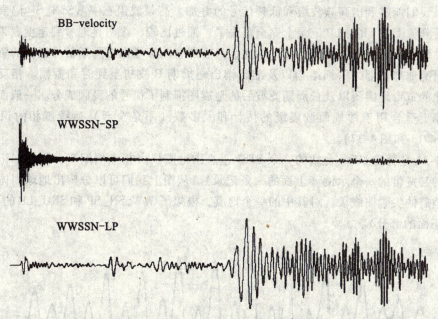

图4-29 和速度成比例的宽频地震图（上）、模拟短周期 WWSSN_SP（中）和长周期 WWSSN_LP 地震图（下）

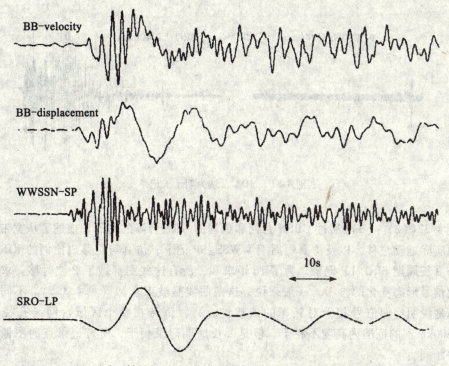

图4-30 发生在加利福尼亚的地震（1999年9月16日：$D=84.1°$；$M_s=7.4$）

给出了1999年9月16日发生在加利福尼亚的地震的远震 P 波群在不同滤波器下记录图像。此图显示了从与速度成比例的宽带地震图，还原后的与位移成比例的宽带地震图，以及模拟仿真后的短周期 WWSSN_SP 和长周期 SRO_LP 地震图。在和速度成比例的宽带地震图上,我们能够看出高频波组和低频信号的叠加。高频波组在 WWSSN_SP 记录上可以清晰地看到,而在 SRO_LP 记录上完全消失了。通过比较,很明显地看到速度宽带和短周期地震图增强了短周期信号的振幅。因此,只有那些能够增强短周期信号振幅的资料才适合用来研究地球内部的精细结构以及准确读出短周期 P 波初至到时和振幅。相反,与位移成正比的宽带地震图以及长周期滤波后的地震图抑制了信号的高频成分。一般而言,这样的数据更适合用于常规面波震级的估计和大多数(不是全部)后续震相的识别(图 4-12,图 4-13 和图 4-37)。

图 4-31 是德国 MOX 台站的一个 STS1 垂直向地震仪(拐点周期 $T_c = 360s$)记录到为期十天的甚宽带的一个示例(上面的一条记录)。从图上我们可以分辨出地球固体潮和表示不同地震的尖锐曲线段。对其中的一个地震,模拟了 WWSSN_SP 和 SRO_LP 的 40 分钟记录(下面的部分)。

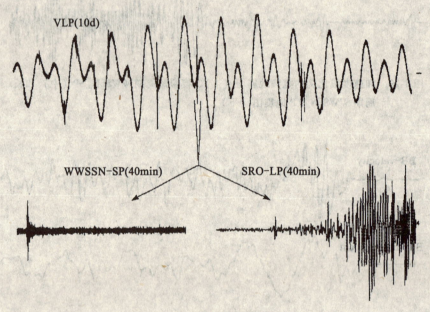

图 4-31 MOX 台站为期十天记录

图 4-32((a)~(d))通过 GRSN 台网和德国的 GRF 台阵的例子,描述了从宽带速度记录还原实际地动位移,以及仿真短周期 WWSS_SP 记录、仿真与位移成比例的 KIRNOS 记录、仿真长周期 SRO_LP 记录。为了 16 道求和,所有这些图都做了 P 波时移。求和图作为确定信号形态变化的参考。一般来说,这条曲线是波束求和(见 4.3.5)。不同的记录能清晰地说明空间信号相干对频率的依赖性。高频信号在整个区域台网(孔径大约为 500~800km)的范围内高度不相干。但是,长周期记录相干,所有记录点的图像看起来都几乎相同。

从细节上讲,图 4-32 显示出:

①2001 年 6 月 23 日发生在秘鲁的地震($M_s = 8.1$),GRSN 的 15 个台站经时移后的与位移成正比的宽带地震图(16~30)以及与速度成正比的宽带地震图(1~15)都含有一个 145s 长的 P 波群。与位移成正比的宽带地震图压制了高频信号,而高频信号在与速度成正比的记录中能很明显地看到。

② 图4-32（a）中的台站仿真成短周期 WWSSN_SP，高频信号得到放大，波形的形状和振幅在整个台网内变化显著，如此，信号的相干性小。

③和④ 图4.32（a）和（b）中的台站仿真成与位移成正比的 KIRNOS 记录（c）及长周期 SRO_LP 记录（d），高频信号被掩盖了，所有图都表现出相干波形。

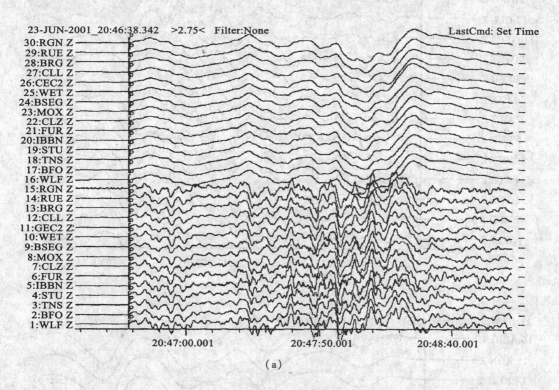

(a)

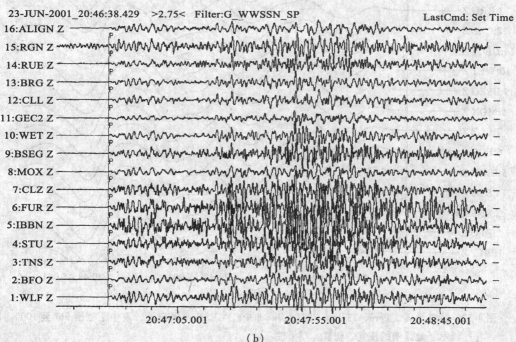

(b)

115

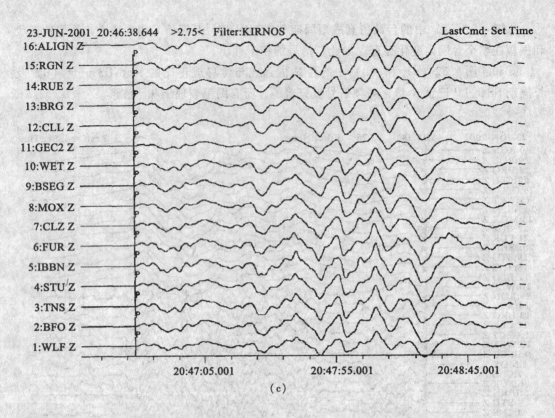

(c)

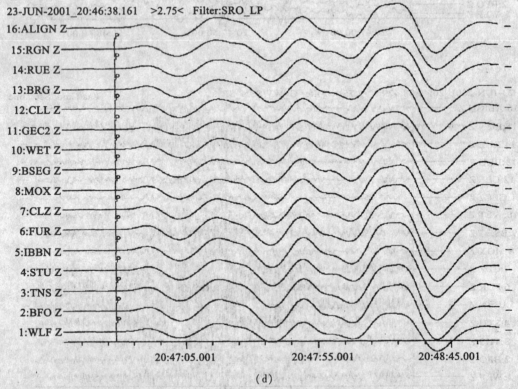

(d)

图 4-32 秘鲁地震 (Peru, 23 June 2001, Ms=8.1), GRSN 台网记录, 震中距范围 96° 至 100°。显示了地震图的恢复、仿真、相干性

4.3.3 台网和台阵的信号相干

地壳结构的不均匀和台阵孔径限定了空间相干信号的周期带宽。台阵的孔径越大，满足信号相干的周期就越长。对于较短的周期波列，台阵就像一个由独立台站组成的台网。如果是很长周期的波列，则台阵的响应就像一个灵敏的单台。举例来说，对于 GRF 台阵（孔径大约是 50~120km），相干信号的周期段在 1~50s 之间。对于德国的 GRSN 台网，相干的周期更长。而对于像德国的 GERES 和挪威的 NORES 这样较小孔径的台阵（直径分别是 4km 和 3km），信号的相干频率大于 1Hz。在相干带宽内，波形变化依赖于频率、波到达的方位和水平向视速度。举一个例子，对于与位移成比例的宽带记录，仿真 KIRNOS 和所有的长周期仿真地震图（比较图 4-32），在 GRSN 内都能观测到相干波形。而对于短周期地震图（WWSSN_SP）波形不相干或很少相干。

图 4-33（a）和图 4-33（b）分别比较了 GRSN 和 GRF 台阵的 P 波最初的 14s 记录。对于较小孔径的 GRF 台阵在短周期范围内，其记录的相干性明显比 GRSN 记录更好。对于超过 10s 的长周期，GRSN 的功能就像一个台阵。对于较短的周期，它就是一个台网，而 GRF 台阵仍然像一个台阵。这些讨论仅仅对于远震事件是正确的，这些远震事件的震中距应该远远大于台网或台阵的孔径。

4.3.4 f-k 和速度谱分析图

台阵技术，像 f-k 和速度谱分析图（vespagram），仅能用于相干波形记录图。速度谱图分析或速度谱分析（vespa：Velocity Spectral Analysis）是一种用于分离以不同水平视速度传播的信号的方法。沿着时间轴描绘出从一个已知反方向角以不同慢度到达台阵的地震波能量。基于后续震相的特殊慢度值来更准确地辨认它们。最好的拟合慢度是这样的一个慢度，即所考虑的震相在速度谱分析图中有最大的振幅。图 4-34 显示的是来自 GRSN 原始记录图，上图：巴布亚新几内亚地区的一个地震，经过滤波的垂直向地震图（仿真 WWSSN_LP）。震源数据 NEIC-QED：1999-05-10；深度 137km；$M_b = 6.5$；$D = 124°$，BAZ = 51°。标记出了震相 Pdif，PKP，pPKPdf，PP，pPP，sPP 和没有辨别出来的震相 X。下图：上面记录段的速度谱分析图。通过分析得出慢度：Pdif 为 4.5s/°，PKPdf 和 pPKPdf 为 2.0s/°，PP 为 7.0s/°，对于未知的震相 X 有一个和 Pdif 相应的值。

图 4-35 给出的是 f-k 分析的一个例子。f-k 分析用于确定台阵记录到的相干远震波组的慢度和反方位角。震中距必须远远大于台阵的孔径。图中将当前的时间窗（图 4-35（a）和（b））的所有的记录转换到频率-波数域。图 4-35（c）用颜色显示出振幅具有的能量强度。如果存在一个单独显著的颜色标记最大值，就表明得到一个好的结果。该最大值表示所研究震相的慢度和反方位角，并且有助于震源参数的确定和震相的识别。有一个例子是 GRF 台阵记录到的来自 Novaya Zemlya 的地震，慢度 s1 = 7.3s/°，反方位角 BAS = 11°。这些值用于生成波束。图 4-35(a)~(c) 为频率-波数（f-k）的分析过程。（a）GRF 的台站记录到的发生在 1997 年 4 月 19 日的地震相干 P 波信号。方框标出了用来做 f-k 分析所选择的时间窗。（b）用于作 f-k 分析的放大的窗口。（c）与所选时间窗相对应的频率-波数域范围，振幅大小（相当于能量的大小）用彩色标出。存在单一明显的最大值。定出的慢度和方位角分别是：7.3s/° 和 11°。（d）据图 4.33(a)~(c) 中显示的慢度和方位角值计算台阵每一个台站的延时，然后根据台站延时做震相叠加，产生出具有最好

信噪比的波束（顶上的曲线 14）。

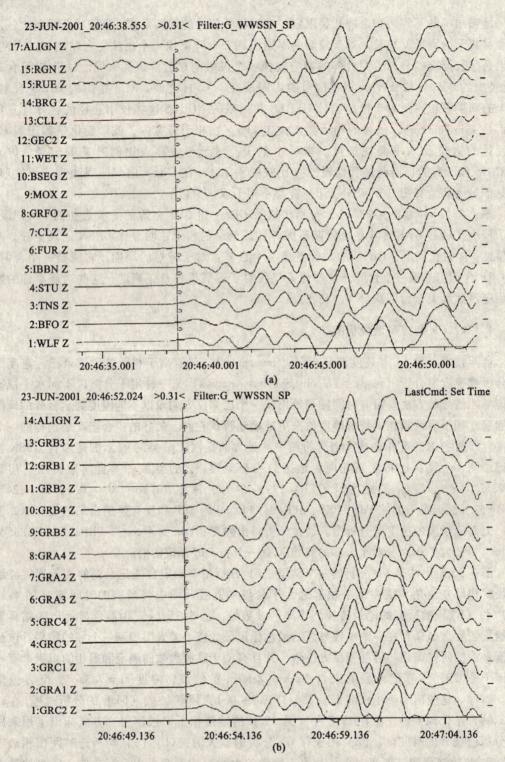

图 4-33 地震与图 4-32 中的相同，P 波开始后的最初 14s 的短周期 WWSSN_SP 仿真滤波记录。(a) GRSN 台网的记录；(b) GRF 台阵的记录

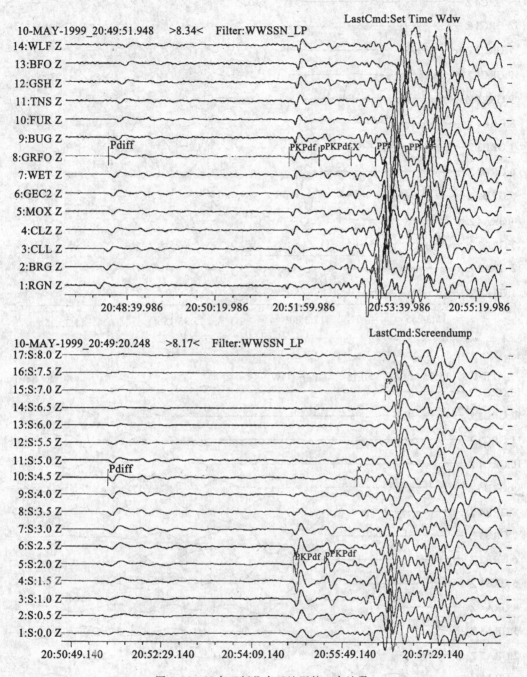

图 4-34 巴布亚新几内亚地区的一个地震

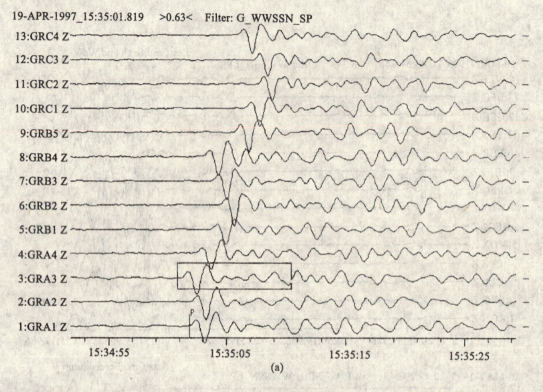

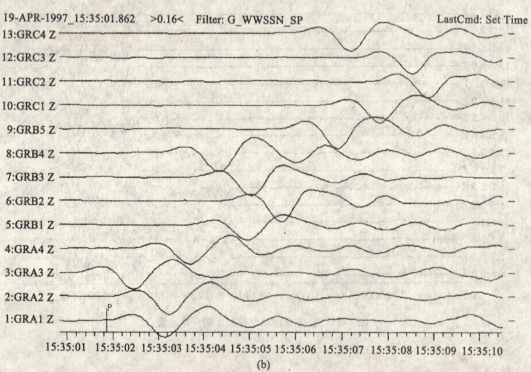

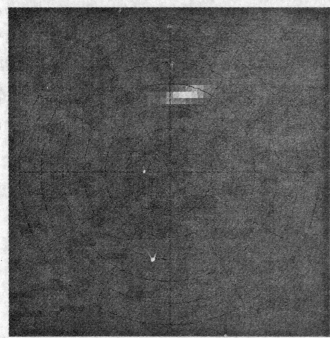

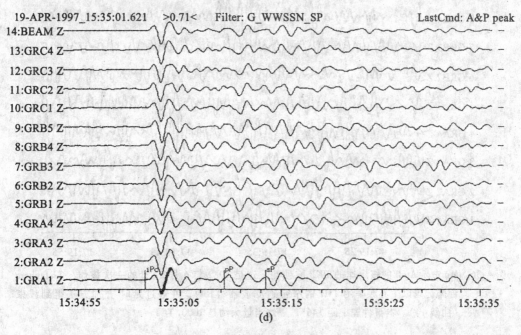

图 4-35　频率-波数 (f-k) 的分析过程

4.3.5 波束生成

通过叠加台阵的相干信号，波束生成能提高地震信号的信噪比（SNR）。每一个台站的信号相对于参考台站的延时做时移。延时依赖于慢度和方位角，而慢度和方位角可以通过 f-k 分析得到。延时的信号按震相相加产生了波束。图 4-35(a)~(b)所显示的事件记录通过相应的延时作时移校正,再经叠加形成波束(第14条)。N个台站的记录经延时和叠加生成波束后,SNR将提高$\sqrt{N}$倍。相干信号求和后的振幅与N成正比,如果信号不相干(特别是随机地震噪声),则和$\sqrt{N}$成正比。因此,如果特别弱的信号也必须侦测和分析,那么f-k分析和波束生成对常规分析是有帮助的。

图4-36给出了GRF台阵台站的短周期滤波地震图的另一个例子。波束曲线的信号是在Mururoa Atoll进行的约1000t当量的地下核爆炸的PKP波。弱震信号的初至时间和信号振幅只能在波束上读出。在约1s的时间内,峰到峰的振幅仅仅约2nm。

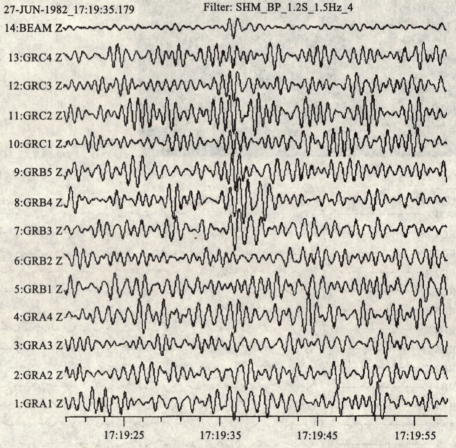

图4-36 Mururoa Atoll的核爆炸的PKP波侦测。这是1982年6月27日的一次核炸,Grafenberg台阵记录以中心频率约1Hz的窄带通滤波器(BP),并通过延时-叠加方法得到波束(曲线14)。本事件震中距146°,爆炸当量大约是1000t TNT

4.3.6 偏振分析

偏振分析的任务是将三分向地震图转换为射线方向的坐标系统。对于线性极化和横向均匀地球介质中的单脉冲P波,这项工作是很简单的,至少对于有高SNR的信号是简单的,P波偏振的方向决定了地震波坐标系统的取向。然而在横向非均匀及各向异性介质中,地震波具有三维而且依赖于频率的质点运动,与均匀介质中的情况相比,所测量到的射线方向可能偏离10°以上。

大多数有效分析软件都包括确定质点运动的功能。为识别波的偏振和研究剪切波分裂，将传统的三分向N，E和Z旋转到射线方向的坐标系，或者R（径向，朝向震中）和T（垂直于震中方向）方向的坐标系，这样做特别适合后续震相的识别。图4-37给出了一个远震记录震相解释的例子。地震发生于2000年3月28日Volcano岛（$D=940°$，$h=119km$），此图为德国的RUE台站经长周期滤波的三分向地震图（仿真WWSSN_LP）。水平分向N，E被旋转到R，T分量。震相P，pP，SP和频散瑞利波LR的起始时间被标记在垂直向的地震图上，震相SKS标记在R分向上，震相S，SS，SSS以及勒夫波LQ的起始标记在横向分量T上。没有标记出的（但是能很容易识别的）是深度震相，即S后面的sS，SS后面的sSS，LQ前的SSSS+sSSSS。记录长度为41min。

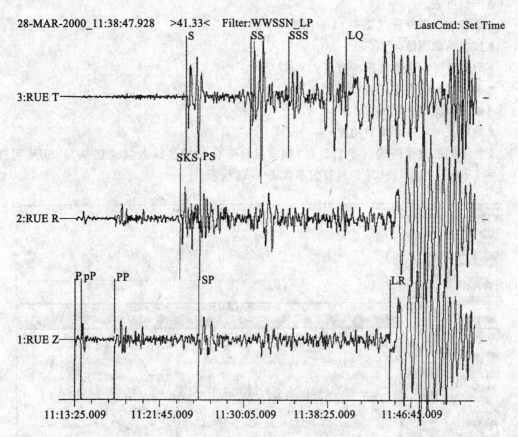

图4-37 发生于2000年3月28日Volcano岛（$D=940°$，$h=119km$），德国的RUE台站经长周期滤波的三分向地震图（仿真WWSSN_LP）

§4.4 常规分析软件

4.4.1 SHM

地震处理软件SHM是一个功能强大的分析程序，能够处理局部区域及远震事件。它是由Erlangen SZGRF的Klaus Stammler开发的，用于Grafenberg台阵和德国区域台网的数据分析。程序及其说明可以从 http：∥www.szgrf.bgr.de/sh-doc/index.html 获得。

这个软件的主要特点是：
- 将台阵的处理方法应用到一组台站(通过波束生成和FK分析确定幔度和反方位角)；
- 定位规则（通过走时表和经验修正向量对远震定位，通过外挂程序如 LocSAT，定位局部和区域事件）。

这个软件的基本程序包含了一些（有多有少）标准选项，如：
- 手工和自动震相拾取（图 4-5）；
- 用仿真和带通滤波器滤波（图 4-28 和图 4-29）；
- 确定振幅、周期和震级（图 4-4）；
- 地震波列上显示理论走时（图 4-13）。

进一步可做：
- 旋转水平向分量（图 4-13 和图 4-35）；
- 质点运动图像；
- 地震波时间序列的振幅谱（图 4-47）；
- 速度谱分析图序列显示（图 4-34）；
- 确定信噪比（图 4-47）；
- 地震波时间序列编辑功能。

支持不同的数据格式（单台、台网和/或台阵台站的连续数据流记录）。SHM 可在 Unix 和 Linux 环境下。SHM 的屏幕显示如图 4-38 所示。

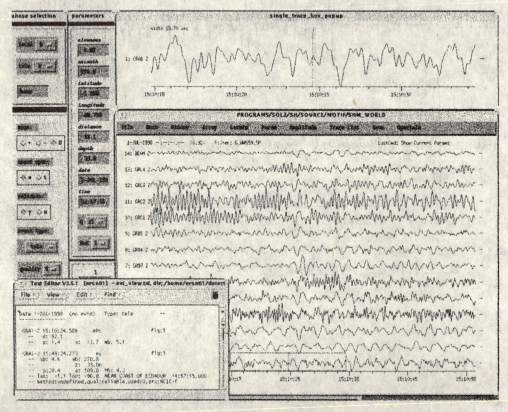

图 4-38　屏幕显示的是地震分析软件 SHM

4.4.2 SEISAN

另一个广泛使用的分析软件是 SEISAN，是由 Jens Havskov 和 Lars Ottemoeller（1999）开发的。它包括了一套完整的程序和一个简单数据库，用来分析模拟及数字记录数据。它的功能包括区域和全球震相拾取、谱分析、方位角确定、绘图和其他一些应用。SEISAN 可在 Windows95，SunOS，Solaris 及 Linux 环境下运行，并含有常用数据格式转换程序。这个软件及使用手册可以从 ftp：// ftp. geo. uib. no/pub/seismo/SOFTWARE/SEISAN/得到。

4.4.3 PITSA

此软件的当前版本是 Frank Scherbaum，Jim 和 Andreas Rietbrock 开发的，是一个交互地震数据分析软件。它包括很多的工具，用于数字信号处理和常规分析。PITSA 支持 SunOS，Solaris 和 Linux，并且使用了 X11 图形窗口，可以从 IRIS 网站下载。

4.4.4 GIANT

这个软件包是 Andreas Rietbrock 开发的，是对一大批非均匀的地震数据进行一致性分析的软件系统。它在相关数据库和许多分析工具（比如 HYP07，FOCMEC，PREPROC，SIMUL，PITSA 等）间提供了一个图形用户界面 GUI。GIANT 现在能被 SunOS，Solaris 和 Linux 支持，使用了 X11 图形窗口系统，可以从 http：// lbutler. geo. unipotsdam. de/service. htm 得到。

4.4.5 其他软件和 ORFEUS 软件连接

C. M. Valdes 为与 IBM 兼容的 PC 机编写的交互式分析软件 PCEQ，和定位软件 HYP071 结合广泛用于本地事件处理。它的主要特点是：拾取 P 波和 S 波到时；为更好的 P 波和 S 波拾取过滤地震图，还可以计算所选取的部分地震图的谱。这套软件发布在 IASPEI 软件库的卷 1 里（Lee，1995）。

Andrey Petrovich Akimov 编写了软件 WSG（在英语里即 AWP：Automated workplace ofseismologists）4.5 版（俄语）。这套软件的工作环境是 Windows 95/98/NT，它应用在单个台站和地震台网，用于估计近震、区域地震和远震的地震参数。这套软件可以变换不同的地震数据格式，如 XDATA，PCC-1，CSS 2.8 and 3.0，DASS，CM6 GSE2 等，并且可以通过 TCP/IP 协议从 NRTS 和 LISS 系统输入数据（miniSEED）。该软件和软件文档的俄语版本可以从 http：// www. gsras. ru/engl/mainms. htm 得到。

ORFEUS（http：// orfeus. knmi. nl）列出了一个可获得地震、数学和图形等方面软件的链接列表。它集中收集的是共享软件，也包括一些相关的商业站点。重点关注的是运行于 UNIX/LINUX 平台下的软件。

§4.5 地震图分析举例

一张地震图的特征强烈依赖于震源机制、震源深度和地震类别（地方震、区域震、远震）。地方震的地震图的主要特征是记录的持续时间较短（通常大约从几秒到一分）、高频成分丰富、波形具有明显的包络特征。相反，远震（震中距>13°）记录中记录了低频波（因为高频能量由于弹性衰减和散射被衰减掉了），持续时间从15min到几小时不等。区域震的地震图特征介于两者之间。沿着不同路径到达台站的波群称作震相。分析地震图时，应该确定不同的震相和它们的到时、振幅、周期、偏振等。震相应根据IASPEI推荐的标准震相术语来命名。对于震相的名称、定义及射线路径可参考国际地震中心（International Seismological Center）网页上介绍的"The IASPEI Standard Seismic Phase List"。图4-39给出了爆破、矿震以及地方震、区域震和远震的例子。同一台站三分向记录的不同地震事件：(a) 矿震（$D=80km$）；(b) 采矿爆破（$D=104km$）；(c) 地方震（$D=110km$）；(d) 区域震（$D=504km$）；(e) 远震（$D=86.5°$）。记录图下方给出了时间标度。

根据近震和远震，有不同的方法分析台阵和台网的数据。对于近震事件，有多种定位方法(ORFEUS软件库，见4.4.5)。震相拾取、平面波法，以及f-k法可用于远震。利用台阵或台网的数据，根据震相的走时差，就能相当可靠地估算出震中距。结合幔度值及三分向记录得出的方位角估计值，仅用单台记录可进行震源定位(见EX4.2)。深度震相可以用来确定震源深度。不同震相的振幅和周期用于计算震级。体波和面波都能用于计算震级。

4.5.1 近震 （$0°<D<13°$）

近震 (near earthquake) 地震图的特征由穿过地壳沿不同的路径传播的P波和S波震相决定，这些震相被称为"地壳震相"。例如：Pg和Sg是由位于地壳上部或中部的源传播到台站的直达波；而震相Pmp和SmS均为莫霍界面的反射波；Pn和Sn分别为沿莫霍界面或紧沿其下的临界折射波（图4-40）。在一些大陆地区，那些在地壳中部界面发生临界折射或者在下地壳有转折点的震相也可以被观察到，这些震相分别被称作Pb（或是P*）和Sb（或是S*）。对于浅源地震，地壳面波Lg或/和Rg在Sg后被观察到。Rg是在上地壳中传播的短周期瑞利面波（周期$T≈2s$），与构造地震不同，该震相通常在震中距100~300km近表面的爆破源及矿震记录中有发现（图4-39 (a)、(b)、(c)）。

一般来说，Sg和超临界反射SmS震相是近震记录中最强的体波；而Pg和超临界反射PmP震相至少到200~400km的距离内在记录的初期具有最大振幅。在120km的范围内Pg和Sg是第一个到达的P波和S波，但在超厚地壳的地区直至200km它们仍然是第一个到达。超过这一距离，Pn先于Pg到达直至大约400km（虽然振幅很小）。对于浅源近表面地震，Pn和Pg走时的交汇点x_{co}可由经验公示大致算出$x_{co}=5×z_m$，其中z_m是地壳的厚度。如果震源位于地壳内的较深处，公式修正为$x_{co}=3×z_m$。按理说，位于Moho近下方的地震不应有地壳直达、反射、临界折射等"地壳震相"，但由于它们的P和S震相的视速度与Moho面下方的速度接近，按约定它们仍然被称为Pn，Sn（参见图4-40）。

在大陆地区，Pg和Sg的典型速度分别是5.5~6.5km/s和3.2~3.7km/s。Pn和Sn波的视速度由P波和S波在上地幔中紧贴莫霍界面之下的速度控制，典型范围在7.5~8.3km/s和4.4~4.9km/s。

注意：地方震的地震图很大程度上受当地地壳结构的影响，而地壳结构在不同地区甚至在当地不同台站之间都是不同的。这就引起了其他现象的出现，有时在上述的主要地壳震相之间会出现很强的震相到时，这就不能用简单的均匀的一层或两层地壳结构模型来解释，它需要考虑有限的震源深度。有些震相或许涉及转换波和（或）深震相，比如sPmPpmp。在更大的距离内（直到区域距离大约30°左右），若干复合震相例如：PgPg,

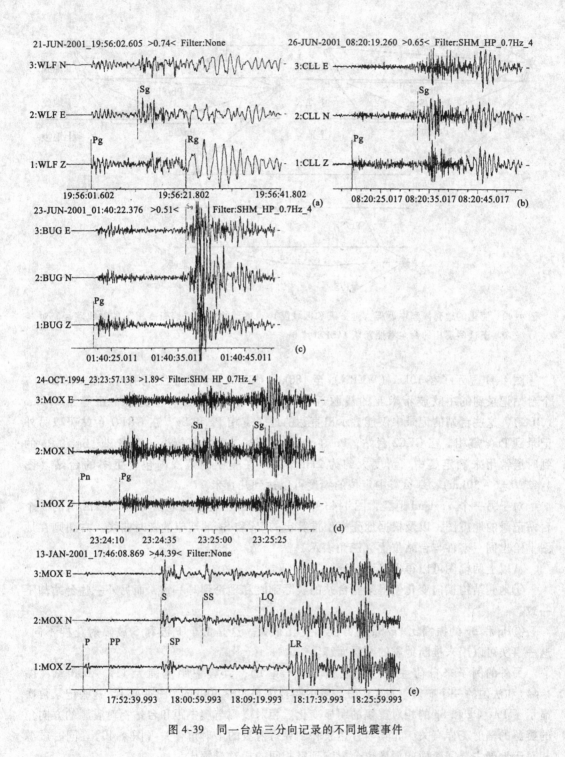

图 4-39 同一台站三分向记录的不同地震事件

PbPb, PnPn 和 PmPPmP 等, 以及和它们相关的 S 波型震相都可能发育得很好（图 4-19）。然而, 这些细节在地震学常规的数据分析和事件定位中并不考虑, 它们要求专门的研究。在常规处理中, 作为一级近似, 可以用地球模型 IASP91 和 AK135 基于上述主要的地壳震相对近震进行分析和定位。但必须认识到, 不同区域的地壳结构和速度可能会有很大的差别, 利用本地的走时曲线和速度模型将能够显著提高事件定位的准确性。

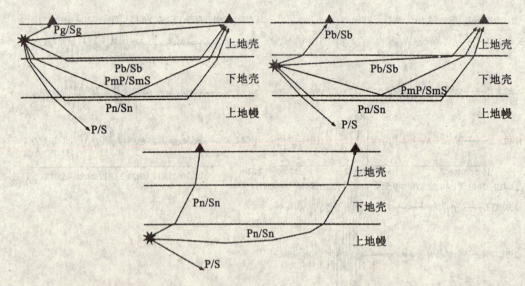

图 4-40　简化的地壳模型中近震（地方震和区域震）观察到的主要"地壳震相"的射线路径。对于这些震相的命名参照新版 IASPEI 术语

图 4-41 显示了在 10km（WERN）至 180km（GEC2）的震中距范围内，由 GRSN 的 7 个台站记录到的中欧波希米亚的浅源近震（$h=8$km）地震图。直到震中距等于 110km（BPG），这些台站的记录中仅能显示出直达的地壳震相 Pg 和 Sg，在 GRFO 台站可以另外记录到 PmP 震相。在 GEC2 台站，Pn 在 Pg 之前到达，但振幅较小。震相 Pg，Sg 和 Pn 的到时通常用来确定震中，精度大约为 2km。如果在震中的范围内包含更多的台站（图 4-42，$D=6\sim30$km），那么震中定位的精度可以达到几百米。

对于另一个 Vogland 地震，图 4-43 中的左图给出在震中距范围 10～130km 内的 5 个台站记录的地震图，以及根据地壳模型推算出的 Pg 和 Sg 的期望的走时曲线。右图则在地图上给出同一事件与台站位置（三角表示）。

从以上两幅图可以得出以下结论：

①地壳结构横向变化使得某些台站的实际到时和理论到时一致，而另外一些台站却不一致。

②Pg 和 Sg 的振幅比 Pg/Sg 随方位角变化很大。这是由于 P 波和 S 波辐射花样不同。这一事实可以用来推断地震的断层面解。

另外的例子来自荷兰的一个地震（$M_l=4.1$），其震中距范围为 112～600km（图 4-44）和法国的一个矿震（$M=3.7$），震中距范围是 80～500km（图 4-45）。这些记录再次显示了 Pn，Pg 和 Sg 的相对震幅的明显变化。相对震幅与震中距和台站相对震源的方向角的震源的辐射花样有关，尤其与直达波和临界折射波的出射角有关（图 4-40）。同时震源相对于地壳主要间断面的深度也会影响到震相间的相对震幅比。

图 4-44 是经滤波的短周期垂直向地方震地震图（4 阶 Butterworth 高通滤波；$f=0.7$Hz；归一化振幅）。震中位于荷兰的 Kerkrade；$M_l=4.0$，震中距范围为 112km（BUG）到 600km（GEC2）；台站为：GRSN 台网的 13 个台，以及 GRF，GERES 和 GEOFON 台站。注意：在台网记录中，对于不同的方位角和震中距，地方震和区域震的波形与相关震相的振幅是不同的。这种过滤器是否适用于鉴别地方震相的到时必须经过验证。地方震震

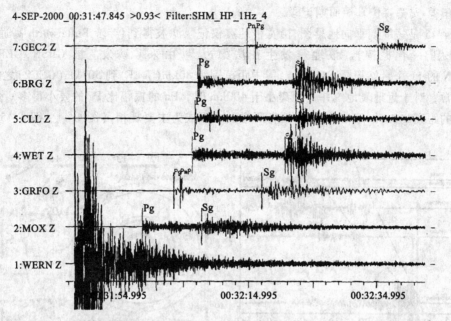

图4-41 经滤波的垂直向短周期地震图(4阶Butterworth高通滤波器,$f=1Hz$)。2000年9月4日发生在Vogland地区的近震(50.27°N,12.42°E,$M_l=3.3$)。每个台站的采样率不同:MOX,WET,CCL,BRG台站为80Hz;WERN台站为100Hz;GRFO和GEC2台站是20Hz。根据震中距的不同(从10~180km)将记录分了类。近震震相均被标出(所有台站均标出了Pg和Sg;GRFO台站还标出了PmP震相);震中距最大的台站GEC2($D=180km$)标出了Pn震相

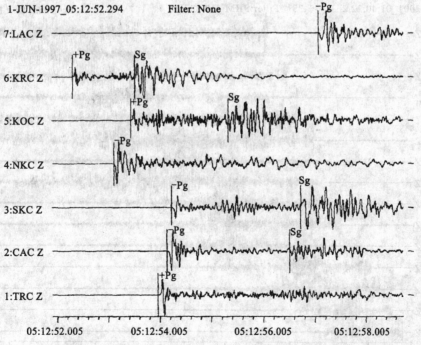

图4-42 捷克布拉格研究院短周期区域台网记录到的地方震($M_l=3.3$)。震中距范围6~30km,台网定位精度小于几百米

级使用伍德-安德森仿真短周期记录。

图4-45是短周期垂向地震图,由宽带地震仪记录滤波得到(4阶Butterworth高通滤波;$f=0.7Hz$;归一化振幅)。该地震发生在法德边界,由采矿诱发。被GRSN,GERES和GEOFON的11个台站记录,$M_1=3.7$,震中距范围为80km(WLF)到501km(GEC2)之间。

通常,对于近地表地震并且距离小于400km时,Pn的振幅比Pg的要小得多。然而对于较远的距离,Pn和Sn的相对振幅有所增大,而成为主要震相(图4-44~图4-45)。

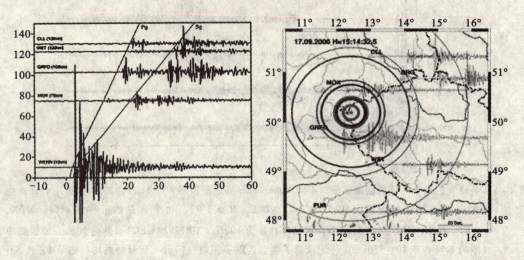

图4-43 德国地方台网对Vogtland地区地震的记录

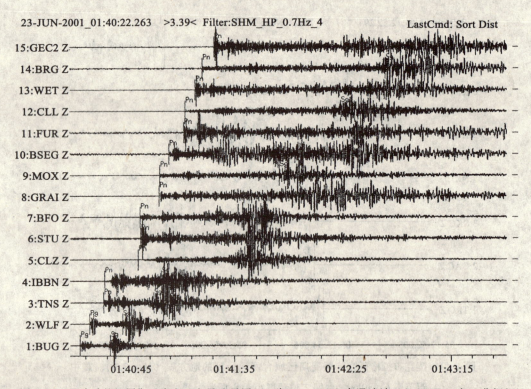

图4-44 经滤波的短周期垂直向地方震地震图(4阶Butterworth高通滤波;$f=0.7Hz$;归一化振幅)

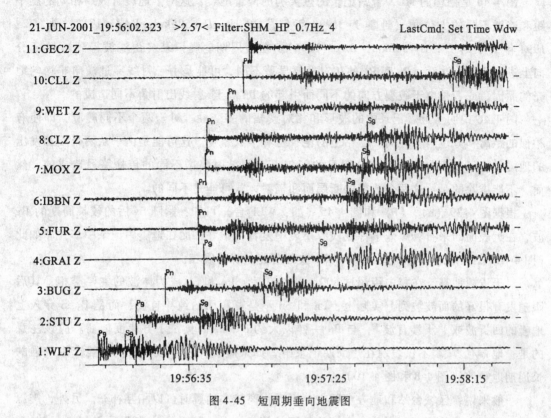

图 4-45 短周期垂向地震图

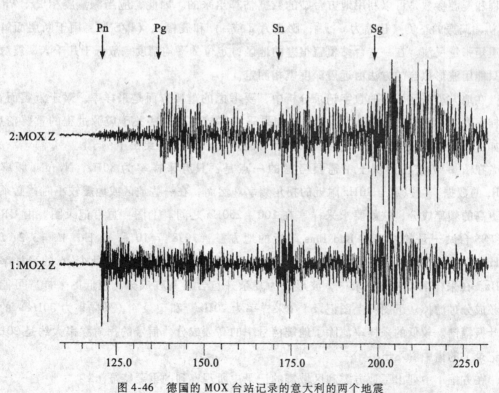

图 4-46 德国的 MOX 台站记录的意大利的两个地震

图 4-46 是德国的 MOX 台站记录的意大利的两个地震，这两个地震有大约相同的震中距和略微不同的方位角（地震 1：1998 年 5 月 28 日；$D = 505km$；$BAZ = 171°$；地震 2：1994 年 1 月 24 日；$D = 506km$；$BAZ = 189°$）。在短周期地震记录（由滤波得到）的 Z 分向上进行比较。注意：Pn 和 Pg 的相对振幅显著不同，可能是由于射线穿过横向非均匀地壳的原因，或者是由于破裂方向的不同而引起的 Pn 和 Pg 射线出射角不同造成的。

图 4-46 说明了近震记录中的波形和相对震幅的多变性。对于两个不同震源，即使有相似的距离和方位角，在同一台站上的记录也有很大差别。这可能是由于从两个震源发出的地震射线经过横向非均匀十分明显的阿尔卑斯山脉时略微不同的传播路径造成的。然而，不能排除的是：这两个地震的断层面和辐射方式可能是不同的。

根据图 4-39（a），（b）和图 4-45（如：WLF 台）可知：紧随 Sg 后的较长周期的 Rg 波，在近表面的采石场爆炸事件或浅源矿震中发育得很好，而在地震中记录中却并非如此（图 4-43）。大陆地盾区，直到 13°，Lg 波都可能是优势震相。

对于浅源地震，在震中距超过 600~800km 后，Pn 和 Sn 成为体波的主要震相，其后跟随发育很好的面波波列。实际上，Pn 和 Sn 不是莫霍面的纯粹首波，而是 P，S 穿入上地幔的回折波或"干涉首波"，与 Pn 一样以大约 8km/s 的莫霍下方速度传播。应该注意的是：地方/区域震不仅表现在短周期记录中，如果震级大于 4 级，它们也能产生较强的长周期地震波（图 4-8 和图 4-10）。

一般来说，区域台站和地方台网在分析近距离较小地震时可以相互补充。另外，震源过程和震源参数是可以利用地方台站的数据估算出来的。因此，应当测量震相 Pg，Pn 和 Sg 初动偏振的正负（压缩为 c 或 +；膨胀为 d 或 -）和震幅比（P/SV），用于断层面解和地震矩张量反演。在一些台站覆盖很差的地区，定位的平均精度一般低于几千米，震源深度只能用波形拟合的方法由远震深度震相测定。

在地方震与区域震的数字记录分析中，要考虑的重要方面是采样率。对于近震而言，采样率大于 80s.p.s 较为合适。但是，如果采样率较低，一些关于震源过程的重要信息，例如：谱的拐角频率和它的高频衰减就有可能丢失。图 4-47 给出了例子。

在图 4-47 给出的例子中需要考虑的一点是：只有采样率为 80Hz，Nyquist 频率为 40Hz 的数据，可以定出 20Hz 附近的拐角频率。然而，在一些地区或地震较小时，必须分析更高的频率成分，这就要求采样率在 100~250Hz 之间。上图：宽带记录图。由 GRSN 的 TNS 台站记录的发生在 Bad Ems 附近的地方震（1998 年 10 月 11 日；$M_l = 3.2$；$D = 40km$）。用不同的采样率采集数据。记录 1~3 的采样率是 20Hz，记录 4~6 的采样率是 80Hz。在采样率较高的记录中，波形较为复杂并包含着高频成分。较低的采样率可能将高频成分过滤掉。下图：上图记录 1（采样率为 20Hz）和记录 4（采样率为 80Hz）的傅里叶振幅谱。较低的采样率滤除了地震信号中的高频成分。信号的拐角频率大约是 20Hz，从记录 1 的谱中看不出。

在方框 1 中列出了地方震和区域震的记录中所观察到的重要特征。

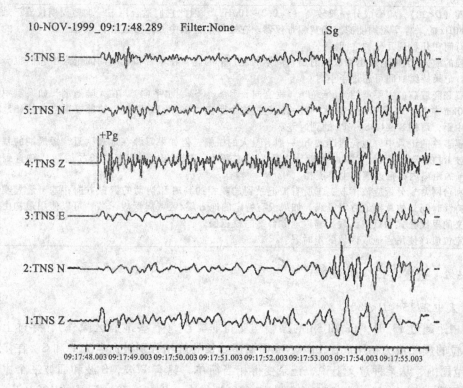

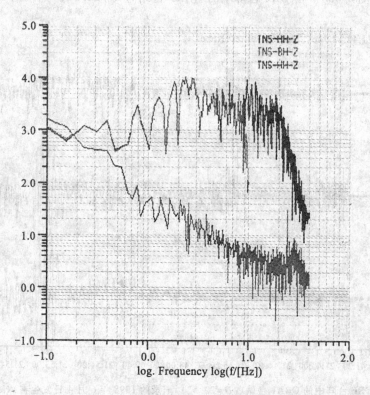

图 4-47　由 GRSN 的 TNS 台站记录的发生在 Bad Ems 附近的地方震

方框1　地方/区域地震的一般规律

- 地方震（$D<2°$），频率成分一般较高（$f=0.2\sim100Hz$）。因此它们适合用三分向短周期仪器记录，或用$f>80Hz$的采样率短周期滤波的宽频带仪器。在短周期记录中，地方震和区域震（$D<15°$）的整个持续时间在几秒到几分钟之间。
- 非常强的地方/区域地震也可以辐射出长周期的能量。因此，在宽带和长周期的记录中它们也会被记录到，记录持续时间可超过半小时。
- 地方震和区域震的主要震相为Pg，Pn（垂直向）和Sg，Sn（水平向）。在大陆地区，如果震中距小于120km左右，Pg是第一个到达的震相。超过这个距离，Pn比Pg先到。如果想粗略地估计地方震的震中距，可用8乘以Sg—Pg的到时差。
- 在近震事件的记录中，地壳通道波Lg一般有最大的振幅，但如果震源在地表附近，短周期的基阶瑞利面波Rg的震幅最大。尤其，在近地表爆炸或矿震中，Rg（比Sg拥有更长的周期）在直到大约300km的距离内都是近震的主要震相。
- 台站和台网常规分析应该读取：①所有被记录到的震相的到时和初动的偏振方向；基于最大震幅和基于持续时间，估算出地方震量规级。如果没有特定的地方/区域震量规函数，可以使用最初由里克特定义的里氏公式和量规函数，辅以地方台站的校正值。
- 震源定位应该使用当地或区域的走时表。

4.5.2　远震（$13°<D<180°$）

1. 震中距 $13°<D<28°$

震中距超过13°时，Pn和Sn的振幅均变得非常小（有些地盾区除外），穿过上地幔更深部位的震相成为初至。比Pn和Sn周期还要长的震相分别被命名为P和S。在接下来的12°范围内，从某种意义上说，记录变得相当简单，只有P波，S波和面波三个主要波群清晰可辨（图4-48）。由GRF台阵中的GRA1台站（$D=22.5°$）记录的1998年6月4

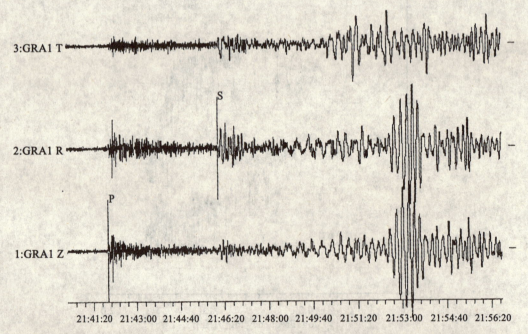

图4-48　由GRF台阵中的GRA1台站（$D=22.5°$）记录的1998年6月4日发生在冰岛的地震，三分向宽带地震图

日发生在冰岛的地震,三分向宽带地震图,P,S和面波的震相清晰可辨。水平向的记录被旋转(R:径向的,T:横向的),R分向显示震源的方向。整个记录的持续时间大约是15min。

然而,由于P和S在速度梯度带的折射和在410km间断面及660km间断面的反射,使得体波波群本身变得非常复杂。这些显著的速度变化和强梯度带使得P和S产生多个震相,P波走时曲线出现两个三重线,在一定的距离范围内震相的走时之间非常接近(图4-49)。在震中距大约18°~20°之间,在660km的间断面走时三重线的左侧尖端(也称20°间断面)处会产生最大振幅的振相P660P,但是在这之前5~10s内会出现一个较弱的P波初至震相。另外,震中距的略微不同就可以导致体波形态很大的差异(图4-49)。一般而言,P波相当复杂并且初动较缓。浅源地震产生的面波强烈,且与S波区分明显,因此对于面波震级的估算非常有用。

图4-49是德国台网宽带地震仪记录土耳其的一个地震的地震图,震中距在14.5°~19.5°之间。注意:接近"20°间断面"时,P波的振幅随震中距的增加而变大。由GRSN的12个台站记录的土耳其西北部Duzce一次破坏性地震,宽带垂向地震图(数据来自NEIC-QED:1999年11月12日;发震时刻16:57:20;震中位置40.79°N,31.11°E;深度$h=10$km;MW = 7.1;对于台站GRFO,$D=16.5°$,BAZ=115°)。根据距离远近,记录图被分类。复杂的P波后是较弱的S波,再次是清晰的频散面波,面波比S波有着更长的周期。体波P,S受上地幔间断面的影响。注意:在震中距18°~19°(P660P走时曲线尖点cusp),P波的振幅随着距离的增加而增大。

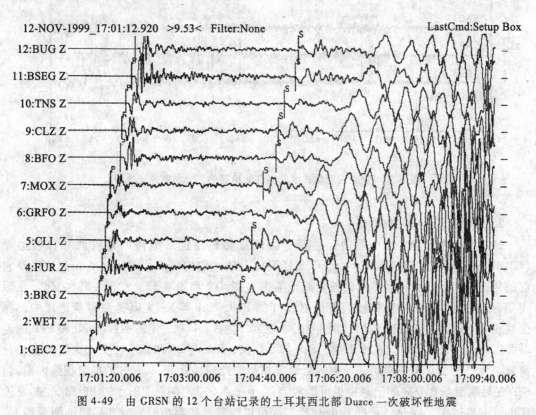

图4-49 由GRSN的12个台站记录的土耳其西北部Duzce一次破坏性地震

图4-50给出了另一个20°间断面附近记录的三分向（Z，R，T）地震图的例子，由分布在澳大利亚昆士兰州的便携式宽带地震仪记录，震中距在16.9°~23.6°之间。地震发生在新赫布里底群岛南部的35km深处。记录被旋转为T，R，Z三个分向。复杂的P波波列仅表现在Z和R分向上，P波波列的后半部分可能包含了PnPn震相。同样，S波群仅呈现在R和T分向上，可能包含有SnSn震相。注意：在20°间断面处P波和S波的复杂性。在记录图中颜色较浅的线表示使用AK135模型预计的震相到时。由于噪声波和前面震相尾波的影响，这些震相的到时或许不是清晰可见。因此不能使用这些理论到时来拾取真实的到时。

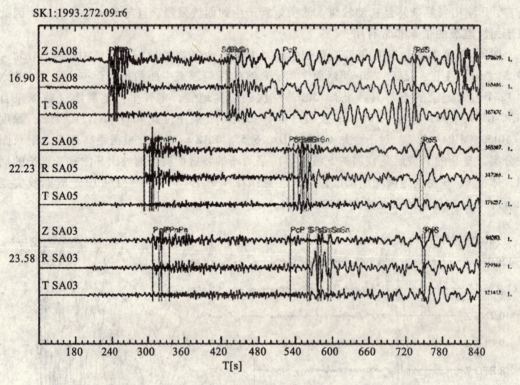

图4-50　发生在新赫布里底群岛的地震的三分向宽带记录图

2. 震中距 $28°<D<100°$

这个距离直到80°的范围内，主要到达的震相是穿过下地幔的地震波和核幔边界（CMB）的反射波（图4-53）。由于下地幔要比上地幔均匀得多，因此P波和S波以及它们的复合震相形成了相当简单的长周期地震图（图4-9和图4-52）。30°~55°之间，在短周期记录中经常有脉冲型核幔边界反射波（如PcP，ScP等），尤其是在深震记录中，深度震相紧随核幔边界反射震相（图4-16）。在40°左右，PcP的走时曲线与PP和PPP的走时曲线相交（图4-53），在水平向，PcS与S相交；ScS与SS和SSS相交。这使得震相分离复杂化，至少对于长周期记录中的后续震相是如此，尽管SS和SSS的能量很强。然而，ScP在短周期垂直分向的记录中也可能相当强（图4-53）。注意PP，PS，SP和SS都是被Hilbert变换过的。因此，通过Hilbert反变换可以改善这些震相的到时和振幅的测量精度。Hilbert反变换是现代分析软件，例如Seismic Handler（SH和SHM）的一部分。核面反射震相的振幅随着距离的增大而减小，但是即使到 70°~80°（对 ScP 和 ScS 而言）或者 90°（对 PcP 而言）仍然可以被观察到。超过了这一范围，ScS 将与 SKS 和 S 的走时曲线合并；而 PcP 的走时曲线将与 P 的走时曲线合并。

图 4-54 给出了震相 S, ScS, SkS 的射线路径以及根据 ISAP91 模型计算的走时曲线，距离范围为 60°~180°。图 4-55 给出了 50°~80° 范围内这些波的长周期和短周期记录图。

台阵以及可以采用 f-k 和速度谱分析图方法的台网记录对于辨认核面反射震相 PcP, ScP 和 ScS 有很大的作用，因为这些核面反射震相的幅度与 P, S 以及它们的复合震有明显的不同（图 4-52）。在这个震中距范围内，表面反射震相 PP, PPP, SS 和 SSS 在长周期滤波的记录中发育很好，而转换波 PS/SP 在这个震中距范围内大于 40° 后记录较好。有时，在很大的震中距上，表面反射波有最强的体波起始。当有台网数据可以用速度谱分析图分析时，这些震相的辨认会变得更容易。在短周期滤波的台网记录中，多次反射的核震相有 PKPPKP, SKPPKP, SKPPKPPKP。

超过 83°，SKS 开始先于 S（图 4-54），振幅随距离的增大而增大，并且走时差 SKS-P 随震中距的变化非常缓慢。如果将 SKS 误当作 S，就可能导致 D 的估计值比实际要小 20°！但由于 S 和 SKS 的走时曲线开始分叉，台网和台阵分析可以区分出 S 和 SKS 的幅度值，这有助于正确识别这些震相。由于 SKS 在垂直平面内偏振，所以在被旋转的地震图的垂向和径向上记录得很好。这同样适用于 PcS 和 ScP，因为它们在波传播方向上的垂直

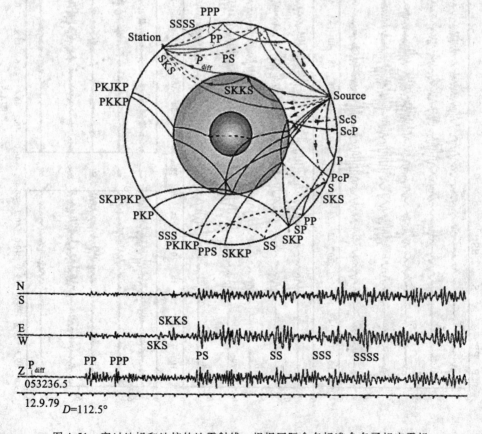

图 4-51 穿过地幔和地核的地震射线，根据国际命名标准命名了相应震相

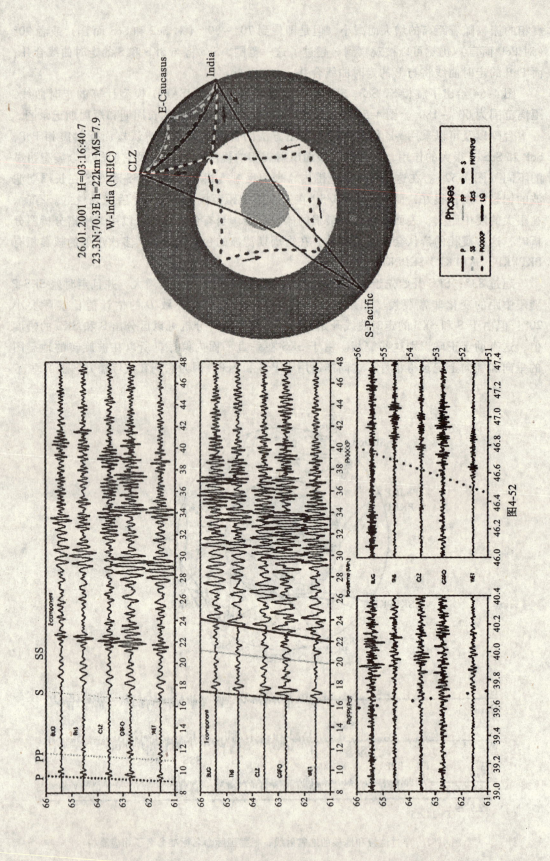

图 4-52

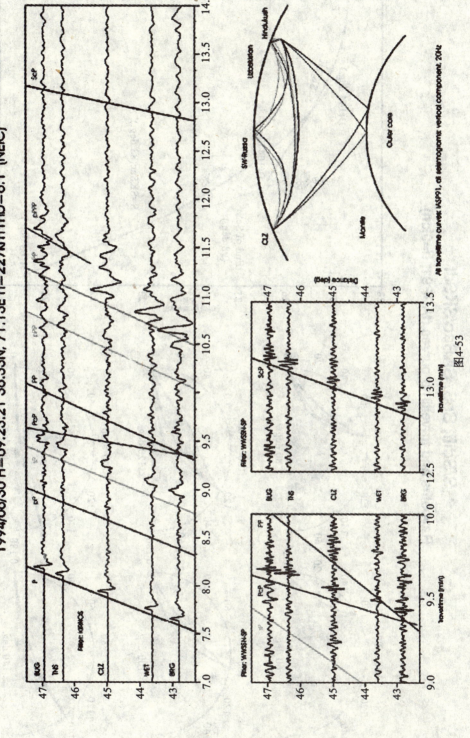

S/Sdiff, ScS, SKSac/SKSdf
Raypaths and traveltime-curves (IASP91, h=0km)

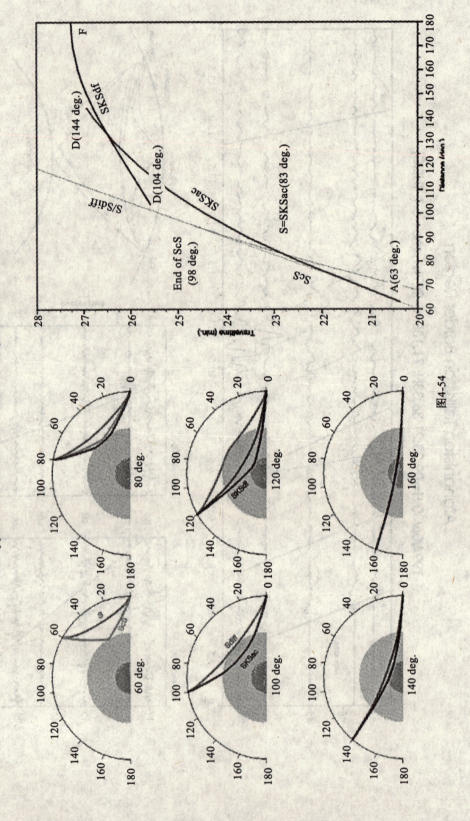

图4-54

平面内偏振。

在震中距 30°～105°之间记录的多次反射核震相 PKPN（自由表面的 $N-1$ 次反射）或在 10°～130°之间记录的多次反射核震相 PNKP（核幔边界内表面的 $N-1$ 次反射），可能会出现在 P 波之后的 13 至 80 分钟之间的短周期记录中。图 4-52 给出了关于震相 PKPPKP（P'P'）和 PKKKKP（P4KP）的例子。要注意，这些震相的慢度有时是负的（如：PKPPKPdf）。更多实例和这些震相的射线路径将会在以后的核震相中特别给出（见 4.5.3）。

超过 95°，P 波群呈现区域的变化，振幅大小变化不定。由于地核的影响（核影区），P 波波列短周期振幅衰减很快，而长周期的 P 波波列却在弯曲的核幔边界周围发生衍射（衍射震相 Pdif，见图 4-59）。

对于能够产生许多"后续震相"的强震，无论如何都应该进行全面的地震图分析。对于未知的震相也应该报告，以便为地球的结构做进一步的研究之用。报告已知名和未知名震相时，应严格遵守 IASPEI 给出的国际命名法。

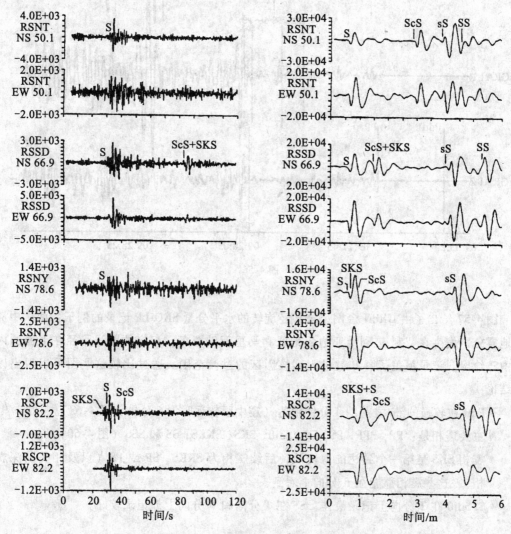

图 4-55

3. 震中距 $100°<D<144°$

在这一距离范围内，P 波的射线路径进入到地核内部。由于在核幔边界（CMB）P 波的速度从界面上的 13.7km/s 迅速减至界面下的 8.0km/s（图 2-53），根据 Snell 定律，地震射线以较大角度折射进入地核，并形成"核影区"。这个"影区"出现自震中距大约 100°附近。对短周期 P 波，影区的边界非常明显，但对沿核幔边界折射的长周期 P 波和 S 波影区的边界非常模糊了。如果是强震，远至 150°的距离范围，都可以观测到 Pdif 和 Sdif（图 4-56、图 4-59 和图 4-63）。

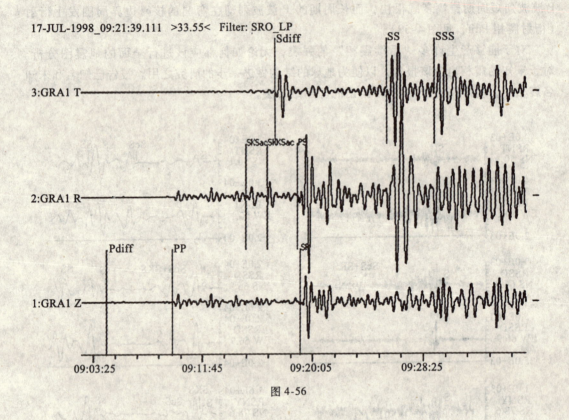

图 4-56

图 4-57 给出了由 GRSN 台网记录，经旋转的水平分量 SRO-LP 记录的例子：两次中深源地震分别发生在智利-玻利维亚边界地区和马里亚纳群岛。相应的射线路径在上面的内容中已给出。记录覆盖了由 P 波进入到核影区的过渡范围。通过比较这些图可以得出以下结论：

- Pdif 在较强的 pp 之前约 4 分钟到达（震中距较远时为 6 分钟，图 4-63）。
- 主要震相是：PP, PPP, PS, SP, Sdiff, SKS, SKKS, SS 和 SSS（图 4-60）。
- 震相 SKS 是第一个到达的剪切波，后续震相为 SKKS, SP 或 PS（以及相关的深震相），这些震相都能在 R 分向上看到。
- S/Sdiff 在 T 分向上记录最佳，SS 在 T 分向和 R 分向上都记录较好。

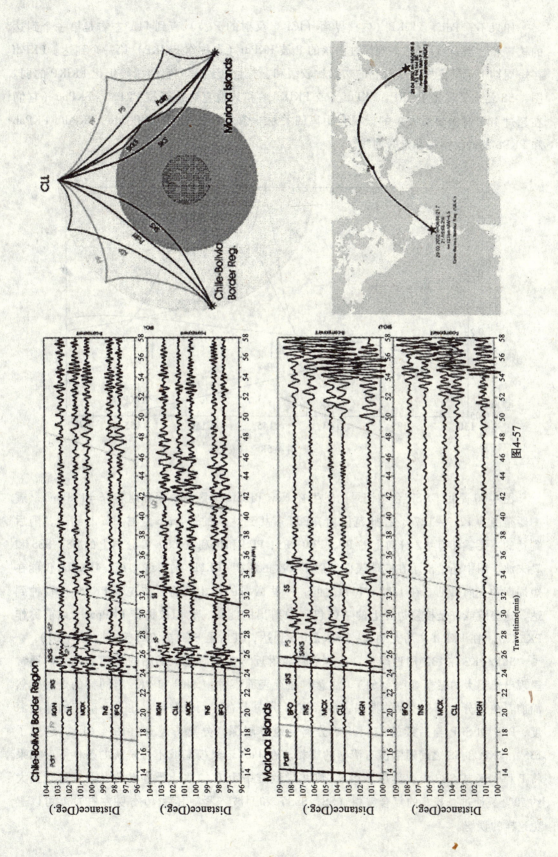

图4-57

如果不算 Pdif，PKiKP（内核界面（ICB）反射的 P 波）直到 113°左右是第一个到达的核震相，当 $D>114°$时，则穿过内核的 P 波 PKPdf（也称作 PKIKP）第一个到达。PKPdf 在短周期上记录良好，尽管它的初动比较缓和，并且直到 135°它的振幅仍比 PKiKP 的弱。图 4-58 给出了震相 PKiKP，PKPdf（或 PKIKP）和其他直达核震相 PKPab，PKPbc（它们在超过 143°时振幅最大）的振幅与距离的关系。图 4-59 给出了震相 Pdif，PKPdf，PKPab 和 PKPb 的射线路径和走时曲线。

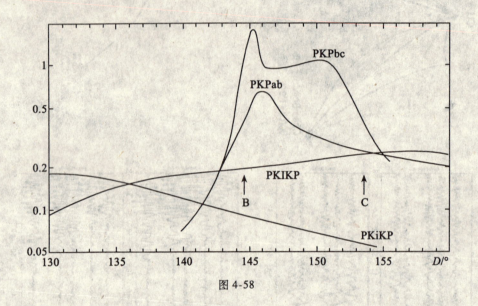

图 4-58

图 4-60 是由 GRSN 台站记录的发生在 New Britain 地区的中深源地震（$h=138$km）。震中距范围为 121°～127°。在此范围内，Pdif 震相到达后的 3.5min 左右 PKPdf 到达，随后到达的主要震相有：Z 分向上的 PP，PPP，PS，PPS 和瑞利波 LR；T 分向上的 SS，SSS 和勒夫波。图中还给出了在地球表面反射了 3 次的震相 4PKPbc 的射线路径，4PKPbc 仅能在短周期垂直向可见。在 128°～144°之间，一些微弱的不相干前驱波先于 PKPdf 几秒钟到达，这些波或许是核幔边界上的"鼓包"散射出的能量，它们被称作 PKPpre（以前称作 PKhKP）。在 PKPdf 之后大约 2～3min 后 pp 到达，其后是 SKP 或 PKS 到达（图 4-61）。

SKP/PKS 在 132°附近聚焦，在这个距离附近，在短周期地震图的前期部分它们通常呈现出相当大的振幅（图 4-61）。注意：在近表面事件中 SKP 和 PKS 有同样的走时，然而前者在 Z 分向上有较大的振幅，后者在 R 分向上有较大的振幅。在一个确定的地震深度，PKS 和 SKP 与后续的震相开始分离，地震越深，分离得越开（图 4-61）。超过了 135°，SKP 和 SS 之间通常没有清晰的震相。在 Pdif 记录模糊或不可辨认的条件下，如果将 P 和 PSK 或 SPS 误认为是 P 和 S，则将导致震中距 D 的估计严重不足（误差可达到大约 70°）。通过查找 S 的复合震相（SS，SSS）和面波（紧随其后 40 分钟左右）就可以避免这样的误解。

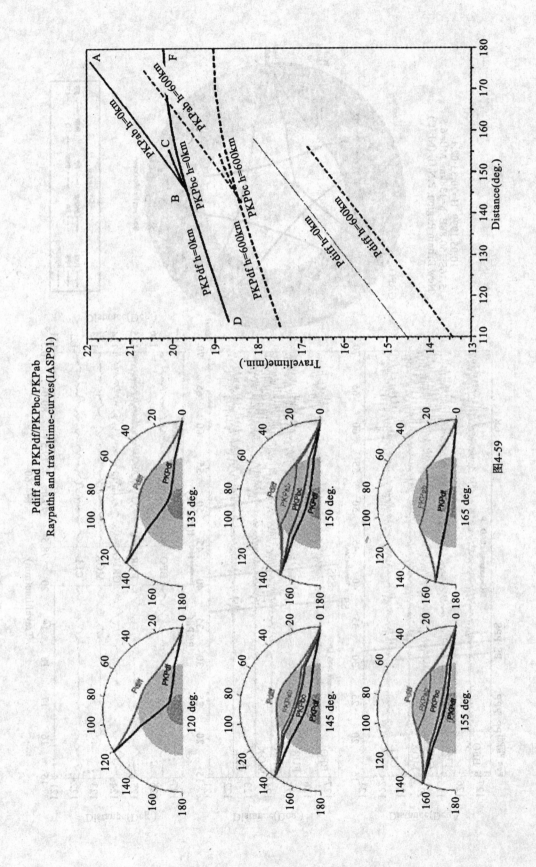

图4-59

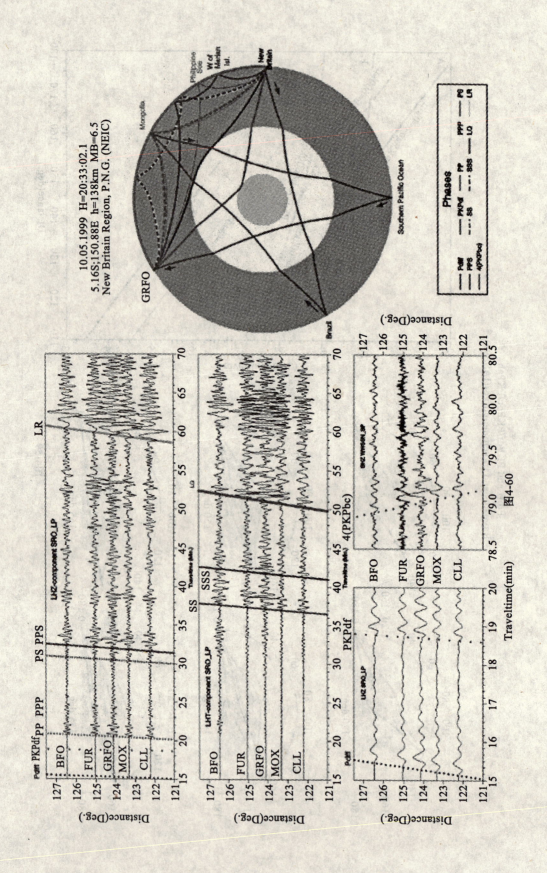

图4-60

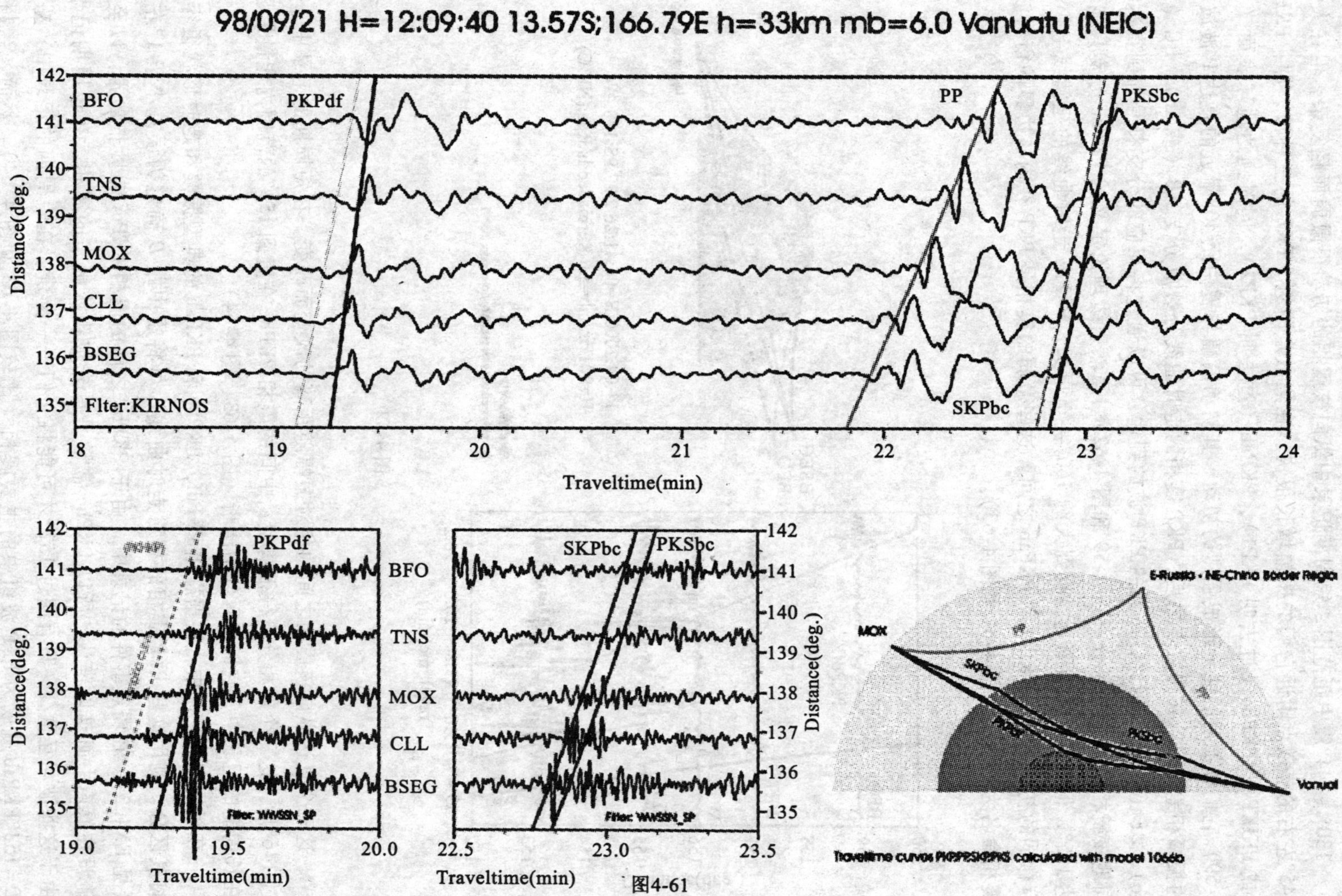
98/09/21 H=12:09:40 13.57S;166.79E h=33km mb=6.0 Vanuatu (NEIC)
BFO
TNS
MOX
CLL
BSEG
Flter:KIRNOS
PKPdf
PP
PKSbc
SKPbc
Distance(deg.)
Traveltime(min)
Filter: WWSSN_SP
E-Russia - NE-China Border Regio
MOX
Vanuat
SKPbc
PKSbc
Traveltime curves PKP/PP/SKP/PKS calculated with model 1066b

图4-61

4. 超过144°的核震中距范围

130°～144°震中距范围，短周期记录中纵向核震相的初动很微弱而且复杂，但在大约145°左右的焦散点附近它们的振幅增长很快。在焦散点附近，PKP的三种波，即：PKPdf（或PKIKP），PKPbc（过去叫PKP1），PKPab（过去叫PKP2），同时到达地球表面（图4-59）。它们叠加后的能量形成强烈的初动，其初动振幅与震中距40°附近的直达P波波列的振幅相差无几。在焦散点之后，PKP震相的走时曲线分裂成分支AB（或ab），BC（或bc），DF（或df）。因此，不同的PKP波的到达，可以通过将相应的分支符号加到直达纵向地核震相PKP上来区分（图4-59和图4-62）。虽然射线理论定义的PKPbc分支只能到达155°，但在实际地震图上，直到大约160°甚至更远，PKPbc走时曲线的延续线上仍然有微弱的初动出现在PKPdf和PKPab之间。这些微弱的震相是PKP在内核边界的衍射波，震相命名为PKPdif（图4-62和图4-63）。

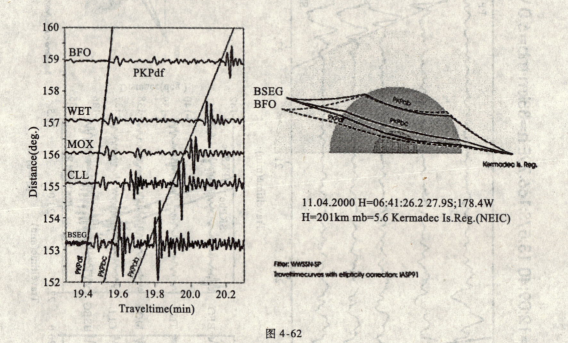

图 4-62

这三个直达纵向核震相之间的相对振幅随距离的改变而改变。在短周期的记录中，超过146°后，这三个震相分离得很清楚，中间的震相PKPbc在直到153°的范围内能量最强。在长周期的记录中，它们却区分不清晰（图4-63、图4-64）。

在短周期的记录中，根据震相PKPdf，PKPbc和PKPab的典型振幅和走时形状很容易将其区分。利用这些PKP震相的相对走时曲线，可将震中距D确定为误差小于1°左右（见EX4.3）。在弱震事件的记录中，由于PKPbc之前的震相PKPdf能量非常弱，以至于淹没在噪声中而难以辨认，所以PKPbc常常是首先被辨认出来的震相。在长周期记录，由于这些波相互重叠，只有超过152°才可能将它们一一分辨。在短周期的记录中，超过$D=153°$PKPab就成为PKP波组中的主要震相（比较图4-63和图4-64）。然而，当超过176°时，PKPab消失而PKPdf又成为主要震相。

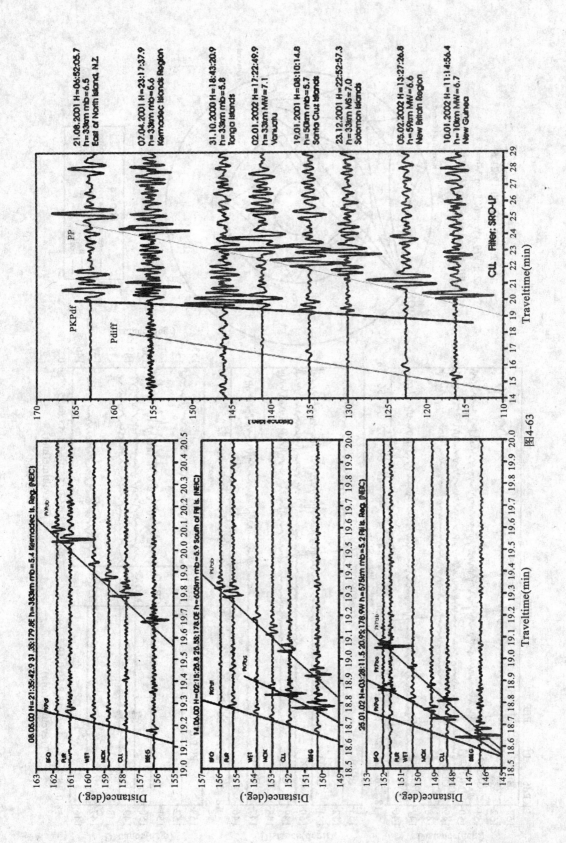

图 4-63

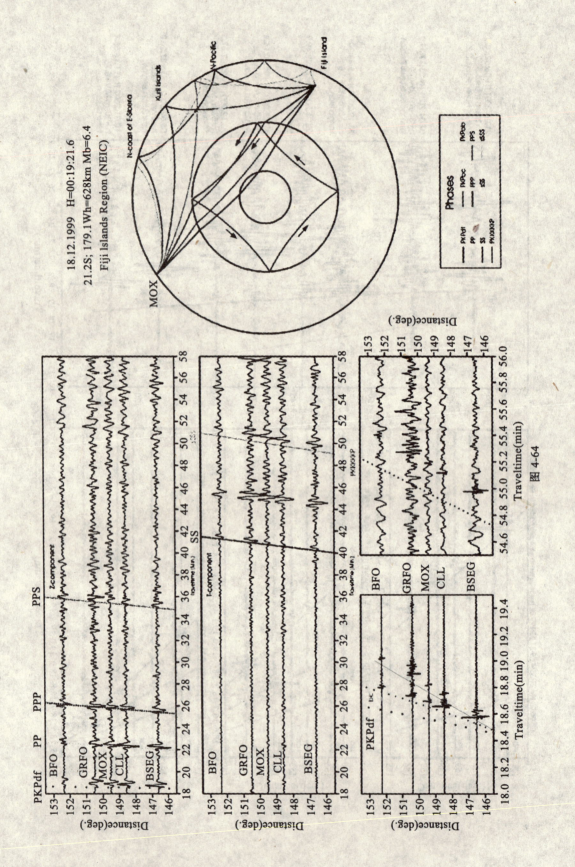

图 4-64

在长周期或者宽带记录中，垂向和径向的主要震相是 PKP，PP，PPP 和 PPS；横向的主要震向是 SS，SSS；如果是深源地震，则深震相 sSS 和 sSSS 可能是最强的（图 4-64）。除了沿小圆弧（震中距 D）的 PP 之外，经过较大弧（360°–D）的 PP 震相，以及 PcPPKP 和一些其他震相也可能被观察到（图 4-65）。震相 SKKS，SKKKS 和 SKSP 在径向仍可能记录得很好。在此震中距范围内，长周期或宽带地震图的整个持续时间（从初至波到面波的最大振幅处）为一个多小时。

4.5.3 迟到的地核震相

在强震事件中，除了直达波以外，那些反射核震相，甚至多于 4 次反射，也可以被观察到。这些震相实际上在所有远震事件中，在 P 震相初动或 PKP 后的 10~80min 内到达，到达时间根据反射的次数而定。这些震相仅仅在高增益的短周期（或者是合适的宽带滤波记录）记录中才清晰可辨。最常观测到的是地表一次反射震相 PKPPKP（简写为 P′P′），以及从核幔边界的内表面反射的震相 PKKP（图 4-66）。就像直达的核震相一样，多次反射核震相也是按照穿过外核的深度不同而产生走时分支。图 4-66 和图 4-67 给出了 P′P′ 以及 PKKP 的射线路径，同时给出的还有震源深度 $h=10$km 和 $h=600$km 时相应的 IASP91（Kennett，1991）走时曲线。如果被反射的次数多于一次，则相应的震相通常被简写为 PNKP 或 PKPN，反射次数为 $N-1$。图 4-68 和图 4-70 给出了短周期记录中 $N=2$~4 的 P′N 射线路径的例子。图 4-70 和图 4-71 给出了 $N=2$~5 的 PNKP 的例子。这些例子说明，这些后至震相仍可能有较大的信噪比。由于这些震相到得比较晚，而且是独立的震相，所以有时台站工作人员把它们误认为是另一次独立事件的 P 或 PKP 的初至。这将导致错误的震相分析和定位结果错误。这些图例还显示了以 IASP91（Kennett and Engdahl，1991）和 JB（Jeffreysand Bullen，1940）模型计算的理论到时。请注意，对于核震相来说 IASP91 并非最佳模型，其预示的核震相到时往往早到。对于核震相，使用模型 AK135（Kennett et al.，1995）比 IASP91 模型更为合适。迄今为止，IASPEI 没有推荐任何全球一维地球模型作为所有国际数据中心的标准。但是，NEIC 目前重新修改了处理程序，让它可以使用不同的地球模型，模型 AK135 作为缺省模型使用。由于这一原因，人们千万不要只按照理论预示的到时去标注那些震相，而要根据实际地震图很小心地在背景噪声中寻找那些核震相。

注意，震相 P 的方位角与 P′P′ 和 PKKP 的方位角相差 180°（图 4-66，图 4-67）。将 D 作为震中距，这些射线路径的地面投影的角度差为 360°–D。因此，P′P′ 的幔度以及任何偶数 P′N 的幔度都为负值，即：它们的走时随 D 而减小。如图 4-71 所示，这也适用于 PKKP 和 P3KP。P′3 的地面投影是 360°+D，P′4 的是 2×360°–D。震相 PKPPKP 在 40°<D<105° 的范围内记录良好。在这一范围内，它在 P 波的初动后的 33~24min 到达。P′N 的出现并不限于 PKPbc。图 4-68 中给出了在 67° 震中距左右记录的 P′3df 震相的例子。P′4 有时出现在震中距 112°~136° 之间（图 4-69）。

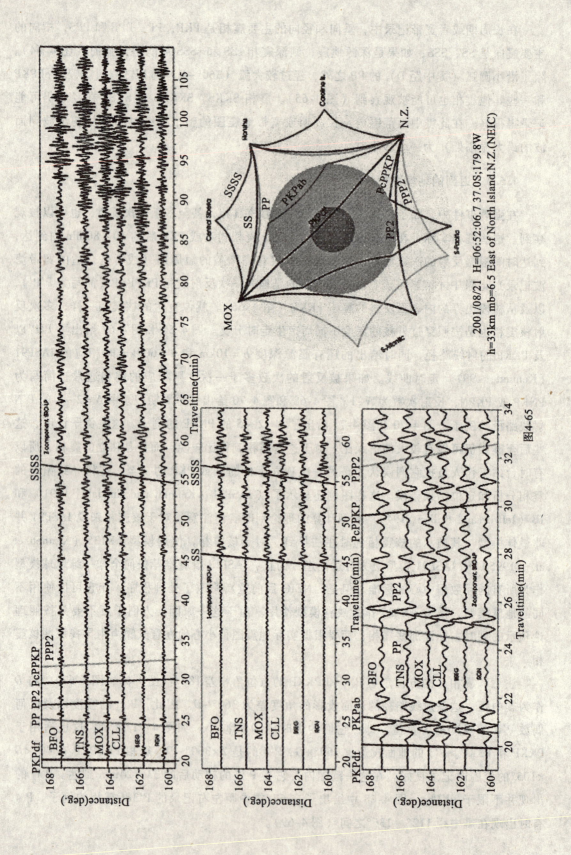

图 4-65

P and P'P'df/P'P'bc/P'P'ab

Raypaths and traveltime-curves (IASP91)

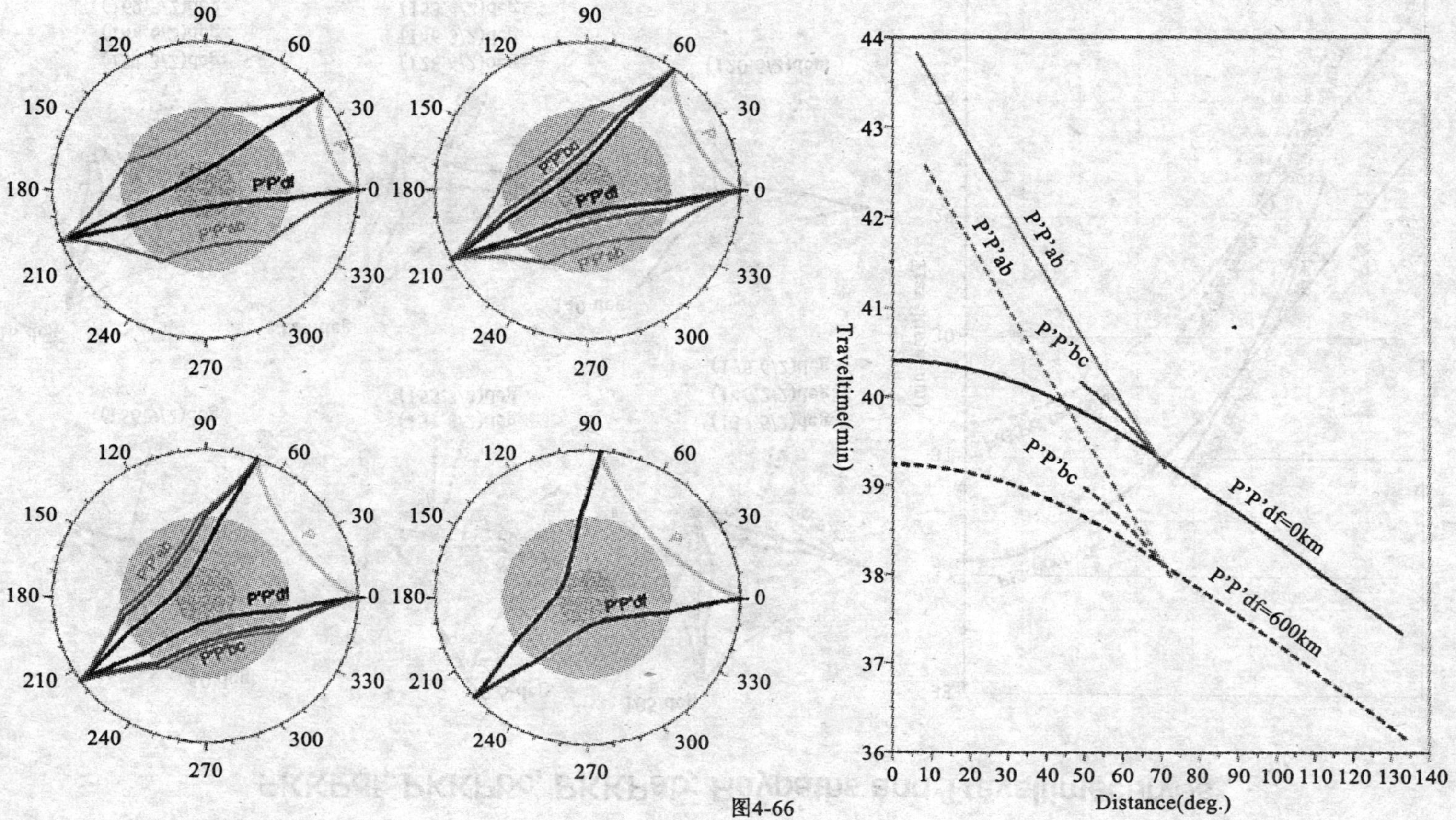

图4-66

PKKPdf, PKKPbc, PKKPab: Raypaths and Traveltimecurves

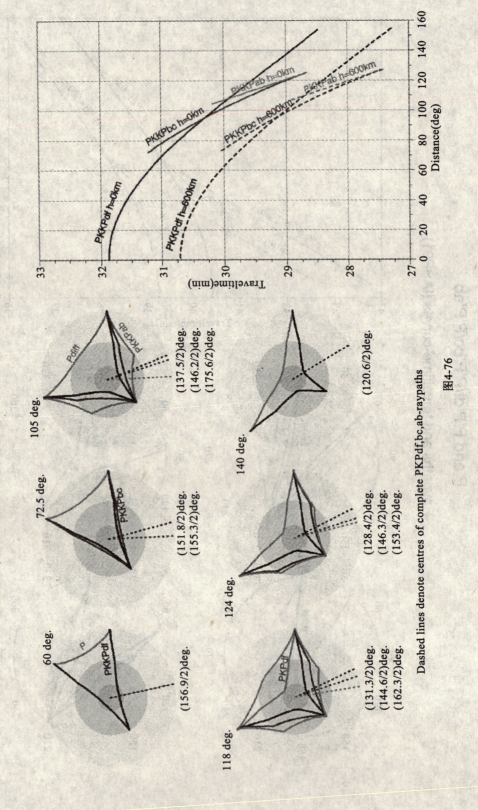

图4-76

Dashed lines denote centres of complete PKPdf,bc,ab-raypaths

P'P'bc and P'P'df

06.05.1995 H=01:59:07.1 25.0N:95.3E h=118km mb=6.4
Myanmar (NEIC)

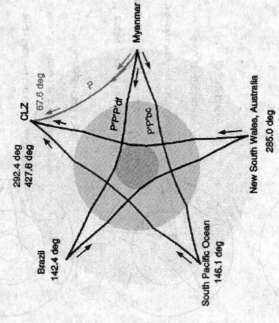

P-distance=67.6deg. P-traveltime=10:43.9min.

P'P'bc-distance=(360-67.6)deg.=(146.1+146.3)deg.
traveltime=(19:25.3+19:41.7)min.=39:07.0min.
Ellipticity time correction=-00:03.9min.

P'P'df-distance=(360+67.6)deg.=(142.4+142.6+142.6)deg.
traveltime=(19:18.1+19:34.4+19:34.4)min.=58:26.9min.
Ellipticity time correction=-00:01.5min.

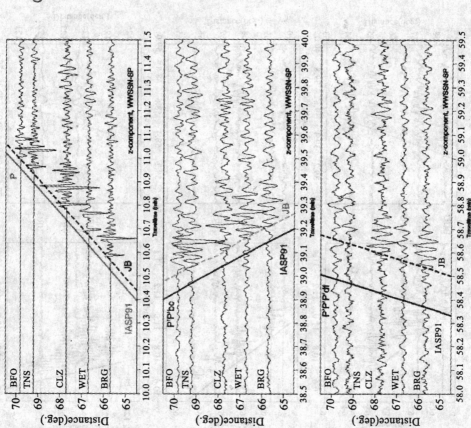

图 4-68

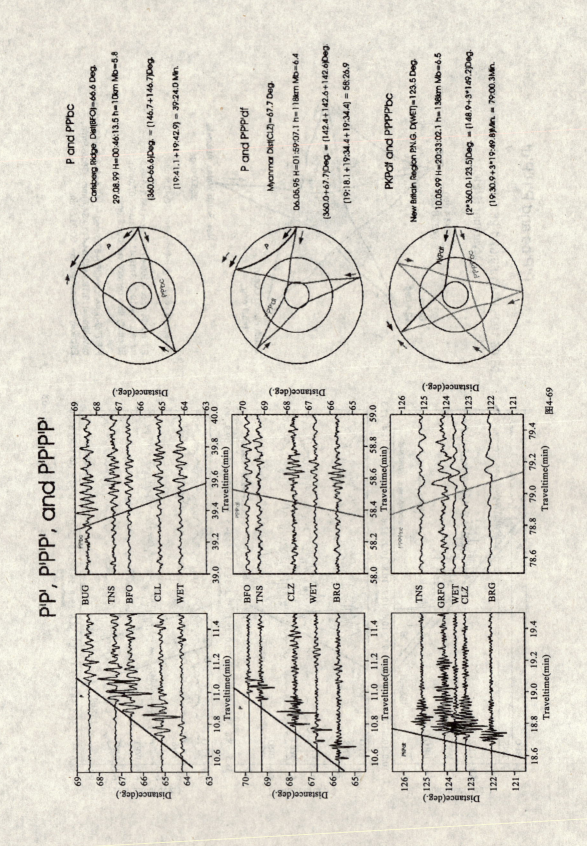

图4-69

Late and very late core phases

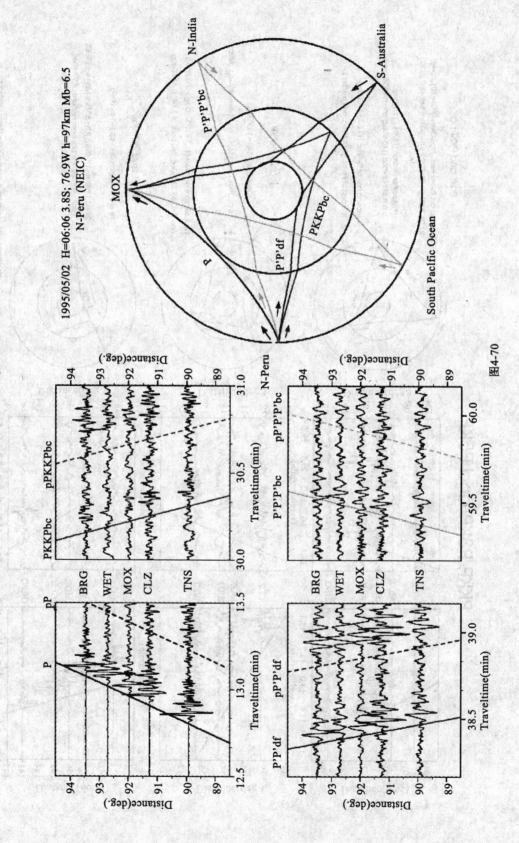

图4-70

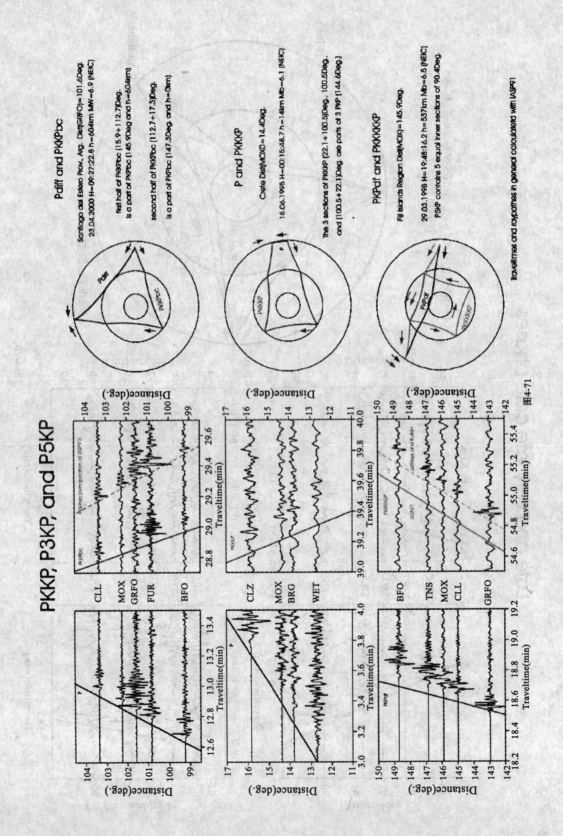

对 PNKP 可以构成类似的射线路径，它是经核幔边界内表面（$N-1$）反射而形成的震相（图 4-71）。在 EX4.3 中的图 9 中给出了 PKKP 相对于初至 P 或 PKP 情况下的差分走时曲线，震中距范围在 80°~130°之间，还给出了相应的观测资料。在这个范围内，震相 PKKP 在 P 到后 13~19min 到达或在 PKIKP（PKPdf）后的 9.5~12min 到达。在初至波到后的 37±1min 左右，核幔边界（CMB）内表面多次反射震相如 P3KP，P4KP 和 P5KP 到达（如果能够辨认出这些震相）。这一规律被总结为"37 分钟经验准则"：D 在 10°附近，P3KP 在 P 之后到达；在 45°<D<75°范围内，P4KP 在 P 之后到达；在 130°<D<150°范围内，P5KP 在 PKIKP 之后到达。

这些多次反射的核震相有一个特殊优点：它们相对于 P 或 PKP 的差分走时对震源深度的依赖性很小。因此，只要能从单台资料中辨认出这些核震相，即使不知道震源深度我们也能给出较好的震中距估计。由于 PKPPKP 和 PKKP 相对于 P 和 PKP 的差分走时曲线的倒置性质（走时随震中距增加而减小），通过比较相邻台站的初动时间，我们就很容易把它们辨认出来（图 4-70）。另外要说明的一点是：由于 PKKP，PKPPKP 的方位角与震相 P，PKIKP 的方位角相反，从 3 分向的记录中把 P，PKIKP 的偏振方向与 PKKP，PKPPKP 的偏振方向作比较将有助于它们的识别。

有时也有一些转换的核反射波，例如 SKPPKP 或 SKKP 能够在短周期的记录中观察到。与此相反，在地幔中以 S 波路径传播的直达或反射核震相（例如：SKS，SKKS 等）在宽带或长周期记录中常被观察到。

4.5.4 关于远震事件分析的最后讨论

对于远震事件分析除了 4.2.6.1 讨论的以外，还应该考虑方框 2 中列出的一些原则。

方框 2　远震分析的一般原则

- 远震（$D \geq 15°$）记录的整个持续时间在几十分钟到几小时之间，并且随着震中距和震级的增长而增加。
- 在远震事件中，由于高频部分（特别是 S 波）随距离衰减，因此它们的频率较低（$f \approx 0.01 \sim 1Hz$）。
- 纵波，包括直达的 P 和多次反射的 PKP，它们的衰减比 S 波慢得多，通常在短周期窄带地震仪（或者是相应的仿真记录）上记得很好，此类仪器通常在 1Hz 附近有较高的放大率。
- 由于远震体波和面波有着特殊的偏振特性，因此偏振分析是辨认不同类型波到时的重要工具。
- 远震事件最好用具有大动态范围、采样率 $f=20Hz$ 的宽频带高分辨三分向地震仪来记录。
- 不同的震中距范围内，远震的主要震相是：纵波 P, Pdif, PKP, PcP, ScP, PP 和 PPP；横波 S, Sdiff, SKS, ScS, PS, SS 和 SSS。纵波在垂向与径向上记录最佳，横波在横向和/或径向上记录最佳。
- 多次反射的核震相，如 P'N 和 PNKP，在短周期的记录中作为独立的子波尾随于 P 和 PKP 之后。如果没有台阵或台网的幔度数据，那么震相 P'N 和 PNKP 很可能被误认作是另一个独立地震的 P 和 PKP。正确辨认和仔细分析它们的特性将有助于避免错误的事件报告，有利于提高定位精度，为地球更深部分的研究提供数据。
- 一些体波震相如：PP, PS, SP, SS, PKPab 和它们的深震相；SKKSac, SKKSdf, PKPPKPab, SKSSKSab 都在内部的焦散点经历了相移，因此波形发生畸变。如果用它们和未畸变的震相配合将会减小到时和振幅拾取的精度，降低改善事件定位的适用性。因此建议，地震观测台在参数读取之前，先对那些震相做 Hilbert 反变换，从而对这些震相做相移校正。

- 浅源地震的面波振幅最大，而深震和大（核）爆炸的面波振幅在远距离上很小。
- 在地震台站和台网中心的常规工作中，以下的参数必须被读取：第一个到达震相的到时，以及（如果可能）偏振分析；P 波最大振幅 A（nm）和周期 T（s）；续至震相的初动到时；对于浅源地震，还要有面波的最大振幅 A（μm）和周期 T（s）。
- 为了测定短周期体波震级 M_b，必须在短周期位移记录（WWSSN-SP 仿真仪器）中测量 P 波的最大振幅（周期范围 $0.5s<T<2s$）。同样，为了测定面波震级 M_s，必须在长周期（SRO_LP 或 WWSSN_LP 仿真仪器）位移记录中测出面波的最大振幅（周期范围一般为 $17s<T<23s$）。
- 台网和台阵应该附加测定并报告 P 波的幔度和方位角。
- 为了提高定位精度，测定并报告一些震相走时差（例如：S-P，SS-P 等）十分重要。同样，为了提高震源的确定精度，也需要正确识别并报告一些深度震相，比如：pP，sP，sS 和核反射震相 PcP，ScP 等。
- IASPEI 鼓励观测台和分析中心，在技术和人员设施都允许的条件下，拾取和报告其他有意义的震相（包括未命名震相）的到时、振幅和周期，并将此视为对全球研究的有用贡献。
- 在报告地震震相（包括未识别的震相）时，应该使用新的 IASPEI 震相命名。

第 5 章 UNIX/Linux 系统基础

在 UNIX 上输入命令类似于在 DOS 和其他面向命令行的操作系统，只要保存该程序的目录已经包含在环境变量 PATH 中，键入程序名后按<Return>键即可执行，所不同的是 Unix 命令对大小写是敏感的，而且要执行当前目录下的可执行程序（除非当前目录"."已经被添加 PATH 变量中），必须键入：

./<prog>

§5.1 UNIX/Linux 系统常用操作命令

本节介绍几个常用的系统命令主要用于目录和文件操作，详细使用方法可以用 man 命令查阅相应的联机手册。

cat

用法：cat [-AbeEnstTuv] [--help] [--version] fileName

说明：把文件连接后传到基本输出（屏幕或加">fileName"到文件 fileName）。

参数：

-n 或--number 由 1 开始对所有输出的行数编号。

-b 或--number-nonblank 和-n 相似，只不过对于空白行不编号。

-s 或--squeeze-blank 当遇到有连续两行以上的空白行，就代换为一行的空白行。

-v 或--show-nonprinting。

范例：

cat -n textfile1>textfile2

把 textfile1 的文件内容加上行号后输入文件 textfile2 里。

cat -b textfile1 textfile2≫textfile3

把 textfile1 和 textfile2 的文件内容加上行号（空白行不加）之后将内容附加到 textfile3。

cd

用法：cd [dirName]

说明：变换工作目录至 dirName。其中 dirName 表示法可为绝对路径或相对路径。若目录名称省略，则变换至使用者的 home directory（也就是 login 后所在的目录）。

另外，"~"也表示为 home directory 的意思，"."则是表示目前所在的目录，".."则表示目前目录位置的上一层目录。

范例：

cd /usr/bin

跳到目录/usr/bin/

cd ~

跳到自己的 home directory

cd ../../

跳到当前目录的上两层

chmod

  用法：chmod [-cfvR] [--help] [--version] mode file...

  说明：Unix/Linux 的文件存取权限分为三级：文件拥有者、群组、其他。利用 chmod 可以控制文件如何被他人所使用。

  参数：mode 为权限设定字串，格式如下：

$$[ugoa\cdots]\ [+-=]\ [rwxX]\ \cdots\ [,\cdots],$$

  其中

    u 表示该文件的拥有者，g 表示与该文件的拥有者属于同一个群体（group）者，o 表示其他以外的人，a 表示这三者皆是。

    +表示增加权限、-表示取消权限、=表示唯一设定权限。

    r 表示可读取，w 表示可写入，x 表示可执行，X 表示只有当该文件是个子目录或者该文件已经被设定为可执行。

  -c：若该文件权限确实已经更改，才显示其更改动作。

  -f：若该文件权限无法被更改也不要显示错误信息。

  -v：显示权限变更的详细资料。

  -R：对目前目录下的所有文件与子目录进行相同的权限变更（即以递回的方式逐个变更）。

  --help：显示辅助说明。

  --version：显示版本。

  范例：

    chmod ugo+r file1.txt

    将文件 file1.txt 设为所有人皆可读取。

    chmod a+r file1.txt

    将文件 file1.txt 设为所有人皆可读取。

    chmod ug+w, o-w file1.txt file2.txt

    将文件 file1.txt 与 file2.txt 设为该文件拥有者，与其所属同一个群体者可写入，但其他以外的人则不可写入。

    chmod u+x ex1.py

    将 ex1.py 设定为只有该文件拥有者可以执行。

    chmod -R a+r *

    将目前目录下的所有文件与子目录皆设为任何人可读取。

    此外，chmod 也可以用数字来表示权限，语法为：

$$\text{chmod abc } file$$

  其中 a，b，c 各为一个数字，分别表示 User、Group、及 Other 的权限，r=4，w=2,x=1。若要 rwx 属性则 4+2+1=7；若要 rw-属性则 4+2=6；若要 r-x 属性则

4+1=5。

chmod a=rwx *file* 和 chmod 777 *file* 效果相同。

chmod ug=rwx，o=x *file* 和 chmod 771 file 效果相同。

若用 chmod 4755 *filename* 可使此程式具有 root 的权限。

chown

用法：chown [-cfhvR] [--help] [--version] user [: group] file...

说明：Linux/Unix 是多人多作业系统，所有的文件皆有拥有者。利用 chown 可以将文件的拥有者加以改变。一般来说，这个指令只由系统管理者（root）所使用，一般使用者没有权限可以改变别人的文件拥有者，也没有权限将自己的文件拥有者改设为别人。只有系统管理者（root）才有这样的权限。

参数：user：新的文件拥有者的使用者。

IDgroup：新的文件拥有者的使用者群体（group） -c：若该文件拥有者确实已经更改，才显示其更改动作。

-f：若该文件拥有者无法被更改也不要显示错误信息。

-h：只对于连接（link）进行变更，而非该 link 真正指向的文件。

-v：显示拥有者变更的详细资料。

-R：对目前目录下的所有文件与子目录进行相同的拥有者变更（即以递回的方式逐个变更）。

--help：显示辅助说明。

--version：显示版本。

范例：

chown Jessie：users file1.txt

将文件 file1.txt 的拥有者设为 users 群体的使用者 Jessie。

chmod -R *lamport*：users *

将目前目录下的所有文件与子目录的拥有者皆设为 users 群体的使用者 *lamport*。

cp

用法：

cp [options] source dest

cp [options] source... directory

说明：将一个文件拷贝至另一文件，或将数个文件拷贝至另一目录。

参数：

-a 尽可能将文件状态、权限等资料都照原状予以复制。

-r 若 *source* 中含有目录名，则将目录下之文件亦皆依序拷贝至目的地。

-f 若目的地已经有相同档名的文件存在，则在复制前先予以删除再行复制。

范例：

cp *aaa bbb*

将文件 *aaa* 复制（已存在），并命名为 bbb。

cp *.c Finished

将所有的 C 语言程序拷贝至 Finished 子目录中。

cut

 用法：cut -cnum1-num2 *filename*

 说明：显示文件 *filename* 每行（起始序号为1）从 *num1* 到 *num2* 的文字。

 范例：cut -c1-6 example

  显示 example 文件第 1 行到第 6 行的内容。

find

 用法：find *path* -expression

 说明：将 *path* 目录及其子目录内符合 expression 的文件列出来。你可以指要文件的名称、类别、时间、大小、权限等不同资讯的组合，只有完全相符的才会被列出来。

  find 根据下列规则判断 path 和 expression，在命令列上第一个 - ( )，! 之前的部分为 path，之后的是 expression。如果 path 是空字符串则使用目前路径，如果 expression 是空字串则使用 -print 为预设 expression。

 参数：expression 中可使用的选项有二三十个之多，在此只介绍最常用的部分。

  -mount，-xdev：只检查和指定目录在同一个文件系统下的文件，避免列出其他文件系统中的文件。

  -amin n：在过去 n 分钟内被读取过。

  -anewer file：比文件 file 更晚被读取过的文件。

  -atime n：在过去 n 天过读取过的文件。

  -cmin n：在过去 n 分钟内被修改过。

  -cnewer file：比文件 file 更新的文件。

  -ctime n：在过去 n 天过修改过的文件。

  -empty：空的文件 -gid n or -group name：gid 是 n 或是 group 名称是 name。

  -ipath p，-path p：路径名称符合 p 的文件，ipath 会忽略大小写。

  -name name，-iname name：文件名称符合 name 的文件。iname 会忽略大小写。

  -size n：文件大小是 n 单位，b 代表 512 位元组的区块，c 表示字元数，k 表示 kilo bytes，w 是二个位元组。-type c：文件类型是 c 的文件。

   d：目录

   c：字型装置文件

   b：区块装置文件

   p：具名储列

   f：一般文件

   l：符号连接

   s：socket

  -pid n：process id 是 n 的文件。

  可以使用 ( ) 将运算式分隔，并使用下列运算：

   exp1 -and exp2

   ! expr

   -not expr

   exp1 -or exp2

exp1, exp2

范例:
find . -name "*.c"

将目前目录及其子目录下所有延伸档名是 c 的文件列出来。

find . -ftype f

将目前目录其下子目录中所有一般文件列出。

find . -ctime -20

将目前目录及其子目录下所有最近 20 分钟内更新过的文件列出。

less

用法: less [Option] *filename*

说明: less 的作用与 more 十分相似,都可以用来浏览文字文件的内容,不同的是 less 允许使用者往回卷动以浏览已经看过的部分,同时因为 less 并未在一开始就读入整个文件,因此在遇上大型文件的开启时,会比一般的文本编辑器(如 vi)快速。

范例:(略)

ln

用法: ln [options] source dest

其中 option 的格式为: [-bdfinsvF] [-S backup-suffix] [-V {numbered, existing, simple}] [--help] [--version] [--]

说明: Linux/Unix 文件系统中,有所谓的连接(link),我们可以将其视为文件的别名,而连接又可分为两种: 硬连接(hard link)与软连接(symbolic link),硬连接的意思是一个文件可以有多个名称,而软连接的方式则是产生一个特殊的文件,该文件的内容是指向另一个文件的位置。硬连接是存在同一个档案系统中,而软连接却可以跨越不同的文件系统。不论是硬连接或软连接都不会将原本的文件复制一份,只会占用非常少量的磁碟空间。

参数:

-f: 连接时先将与 dest 同档名的文件删除。

-d: 允许系统管理者硬连接自己的目录。

-i: 在删除与 dest 同档名的文件时先进行询问。

-n: 在进行软连接时,将 *dest* 视为一般的文件。

-s: 进行软连接(symbolic link)。

-v: 在连接之前显示其档名。

-b: 将在连接时会被覆写或删除的文件进行备份。

-S SUFFIX: 将备份的文件都加上 SUFFIX 的字尾。

-V METHOD: 指定备份的方式。

--help: 显示辅助说明。

--version: 显示版本。

范例:

ln -s yy zz

将文件 *yy* 产生一个 symbolic link: zz

```
ln yy xx
```
将文件 yy 产生一个 hard link：zz

locate

用法：

```
locate [-q] [-d] [--database=]
locate [-r] [--regexp=]
locate [-qv] [-o] [--output=]
locate [-e] [-f] < [-l] [-c] < [-U] [-u] >
locate [-Vh] [--version] [--help]
```

说明：locate 让使用者可以很快速地搜寻文件系统内是否有指定的文件。其方法是先建立一个包括系统内所有文件名称及路径的资料库，之后当寻找时就只需查询这个资料库，而不必实际深入文件系统之中了。在一般的 distribution 之中，资料库的建立都被放在 contab 中自动执行。一般使用者在使用时只要用 locate your_file_name 的形式就可以了。

参数：

-u

-U

建立资料库，-u 会由根目录开始，-U 则可以指定开始的位置。

-e：将排除在寻找的范围之外。

-l：如果是 1. 则启动安全模式。在安全模式下，使用者不会看到权限无法看到的文件。这会使速度减慢，因为 locate 必须至实际的文件系统中取得文件的权限资料。

-f：将特定的文件系统排除在外，例如我们没有必要把 proc 文件系统中的文件放在资料库中。

-q：安静模式，不会显示任何错误信息。

-n：至多显示输出的个数。

-r：使用正规运算式作为寻找的条件。

-o：指定资料库存的名称。

-d：指定资料库的路径

-h：显示辅助信息

-v：显示更多的信息

-V：显示程式的版本信息

范例：

```
locate chdrv
```
寻找所有叫 chdrv 的文件
```
locate -n 100 a.out
```
寻找所有叫 a.out 的文件，但最多只显示 100 个
```
locate -u
```
建立资料库

ls

用法：ls [-alrtAFR] [name...]
说明：显示指定工作目录下之内容（列出目前工作目录所含之文件及子目录）。
参数：

-a 显示所有文件及目录（ls 内定将文件名或目录名称开头为"."的视为隐藏档，不会列出）。
-l 除文件名称外，亦将文件形态、权限、拥有者、文件大小等资讯详细列出。
-r 将文件以相反次序显示（原定依英文字母次序）。
-t 将文件依建立时间之先后次序列出。
-A 同-a，但不列出"."（目前目录）及".."（父目录）。
-F 在列出的文件名称后加一符号；例如可执行档则加"*"，目录则加"/"。
-R 若目录下有文件，则以下之文件亦皆依序列出。

范例：

ls -ltr s *
列出目前工作目录下所有名称是 s 开头的文件，愈新的排愈后面。
ls -lR /bin
将 /bin 目录以下所有目录及文件详细资料列出。
ls -AF
列出目前工作目录下所有文件及目录；目录于名称后加"/"，可执行档于名称后加"*"。

more

用法：more [-dlfpcsu] [-num] [+/pattern] [+linenum] [*fileNames*...]
说明：类似 cat，以一页一页地显示可方便使用者逐页阅读，而最基本的指令就是按空白键（space）就往下一页显示，按 b 键就会往回（back）一页显示，而且还有搜寻字串的功能（与 vi 相似），使用中的说明文件，请按 h。
参数：

-num 一次显示的行数。
-d 提示使用者，在画面下方显示 [Press space to continue, q to quit.]，如果使用者按错键，则会显示 [Press h for instructions.] 而不是哔声。
-l 取消遇见特殊字元^L（送纸字元）时会暂停的功能。
-f 计算行数时，以实际上的行数，而非自动换行过后的行数（有些单行字数太长的会被扩展为两行或两行以上）。
-p 不以卷动的方式显示每一页，而是先清除屏幕后再显示内容。
-c 跟-p 相似，不同的是先显示内容再清除其他旧资料。
-s 当遇到有连续两行以上的空白行，就代换为一行的空白行。
-u 不显示下引号（根据环境变数 TERM 指定的 terminal 而有所不同）。
+/在每个文件显示前搜寻该字串（pattern），然后从该字串之后开始显示。
+num 从第 num 行开始显示。
fileNames 欲显示内容的文件，可为复数个。

范例：

more -s testfile

逐页显示 testfile 之文件内容，如有连续两行以上空白行则以一行空白行显示。

　　more +20 testfile

从第 20 行开始显示 testfile 之文件内容。

man

　　功能：查阅指定命令或资源的联机手册。

　　语法：man command。

　　说明：command 是要查阅的有关帮助信息的命令名称。

　　范例：man ls

　　　　查阅 ls 命令的使用帮助。

mkdir

　　功能：创建新目录。

　　语法：mkdir [dir1] [...dirN]。

　　说明：可以一次创建多个新目录。

　　范例：mkdir　/home/zhangsan。

mv

　　用法：

　　　　mv [options] source dest

　　　　mv [options] source... directory

　　说明：将一个文件移至另一文件，或将数个文件移至另一目录。

　　参数：-i 若目的地已有同名文件，则先询问是否覆盖旧文档。

　　范例：

　　　　mv aaa bbb

　　　　将文件 aaa 更名为 bbb

　　　　mv -i *.c Finished

　　　　将所有的 C 语言程式移至 Finished 子目录中。

rm

　　用法：rm [options] name...

　　说明：删除文件及目录。

　　参数：

　　　　-i 删除前逐一询问确认。

　　　　-f 使原文件属性设为只读，亦直接删除，无需逐一确认。

　　　　-r 将目录及以下之文件亦逐一删除。

　　范例：

　　　　rm -i *.c

　　　　删除所有 C 语言程式档；删除前逐一询问确认。

　　　　rm -r Finished

　　　　将 Finished 子目录及子目录中所有文件删除。

rmdir

　　用法：rmdir [-p] dirName

　　说明：删除空的目录。限于欲删目录有适当权限的所有使用者。

参数：-p 是当子目录被删除后使它也成为空目录，则顺便一并删除。

范例：

　　rmdir AAA

　　将工作目录下，名为 AAA 的子目录删除。

　　rmdir -p BBB/Test

　　在工作目录下的 BBB 目录中，删除名为 Test 的子目录。若 Test 删除后，BBB 目录成为空目录，则 BBB 亦予删除。

split

用法：split [OPTION] [INPUT [PREFIX]]

说明：将一个文件分割成数个。而从 INPUT 分割输出成固定大小的文件，其档名依序为 PREFIXaa，PREFIXab...；PREFIX 预设值为'x'。若没有 INPUT 文档或为'-'则从标准输入读进资料。

参数：--bytes=SIZE SIZE 值为每一输出文件的大小，单位为 byte。

　　-C，--line-bytes=SIZE 每一输出档中，单行的最大 byte 数。

　　-l，--lines=NUMBER NUMBER 值为每一输出档的列数大小。

　　-NUMBER 与 -l NUMBER 相同。

　　--verbose 于每个输出档被开启前，列印出侦错资讯到标准错误输出。

　　--help 显示辅助资讯然后离开。

　　--version 列出版本资讯然后离开。

　　SIZE 可加入单位：b 代表 512，k 代表 1K，m 代表 1 Meg。

范例：

　　split -b 1m - filename.dump

　　使用 split 将文件 filename.dump 以 1m 为单位进行分割。

touch

用法：touch [-acfm] [-r reference-file] [--file=reference-file] [-t MMDDhhmm [[CC]YY] [.ss]] [-d time] [--date=time] [--time={atime, access, use, mtime, modify}] [--no-create] [--help] [--version] file1 [file2...]

说明：touch 指令改变文件的时间记录。ls -1 可以显示文件的时间记录。

参数：a 改变文件的读取时间记录。

　　m 改变文件的修改时间记录。

　　c 假如目的文件不存在，不会建立新的文件。与--no-create 的效果一样。

　　f 不使用，是为了与其他 unix 系统的相容性而保留。

　　r 使用参考档的时间记录，与--file 的效果一样。

　　d 设定时间与日期，可以使用各种不同的格式。

　　t 设定文件的时间记录，格式与 date 指令相同。

　　--no-create 不会建立新文件。

　　--help 列出指令格式。

　　--version 列出版本信息。

范例：

　　touch file

最简单的使用方式，将文件的时间记录改为现在的时间。若文件不存在，系统会建立一个新的文件。

touch file1 file2

touch -c -t 05061803 file

touch -c -t 050618032000 file

将 file 的时间记录改为 5 月 6 日 18 时 3 分，公元两千年。时间的格式可以参考 date 指令，至少需输入 MMDDHHmm，就是月、日、时与分。

touch -r referencefile file

将 file 的时间记录改变成与 referencefile 一样。

touch -d "6：03pm" file

touch -d "05/06/2000" file

touch -d "6：03pm 05/06/2000" file

将 file 的时间记录改成 5 月 6 日 18 时 3 分，公元两千年。时间可以使用 am，pm 或是 24 小时的格式，日期可以使用其他格式如 6 May 2000。

§5.2 vi/vim 编辑器使用

vi 是标准 Unix 环境的一部分，它可以胜任多种文本的编辑工作，并能被定制以适应特殊文本（如 TeX 和）的处理。

vi 编辑程序以"命令模式"和"输入模式"两种方式进行工作：

- 在命令模式中，任何键击被解释为给 vi 的命令。除编辑文件命令外甚至可以向 shell 发送命令，若输入字符不是命令，vi 便会发出鸣响提醒。
- 在输入模式中，所有键击被作为当前编辑文件的正文来接受，vi 此时就相当一台打字机。

在编辑过程中，两种模式之间可自由切换。

5.2.1 vi 的启动、退出和保存

启动 vi，只需在 shell 提示符旁（命令行）键入 vi，要创建或编辑的文件，可以该文件名作为 vi 命令的参数，例如，要用 vi 打开文件 myfile，输入

vi myfile

vi 是以命令方式启动，用户通过键击命令移动光标到文件处，或者修改、重排、删除、替换和查找文本，或者保存文件，直至退出 vi。需要输入文本时，通过按 <a> 或 <i> 进入输入模式，要返回命令模式按 <Esc> 即可。

要退出 vi，用户必须切换到命令模式下进行，下面列出了退出 vi 的几种方法：

命令	作用
:q	在对缓冲区没有作任何改变之后退出，或在缓冲区被改变并被保存到文件中之后退出
:q!	退出，并且放弃自缓冲区最后一次保存到文件以后的所有对缓冲区的改变
:wq、:x 或 ZZ	把缓冲区写入工作文件，然后退出

如果改变过缓冲区，输入":q"来退出 vi，vi 显示有关信息提醒文件修改后没有保存。建议尽量少用":q!"命令，否则文件的所有修改都将丢失。

随时将缓冲区写入文件是一个很好的习惯，保存缓冲区的基本命令是":w"。根据情况，可以有四种不同方式来写命令：

命令	作用
:w	当 vi 正在编辑时将缓冲区写入这个文件
:w filename	将缓冲区写入名为 filename 的文件中
:w! filename	强制 vi 重写名为 filename 的文件

保存一个新文件时，如果你启动 vi 时没有指定文件名，那么你要将文件保存到磁盘上就必须提供一个文件名。在这种情况下，写命令的格式为：
:w filename
本命令将缓冲区写到文件名为 filename 的文件中。
提示：

在编辑期间，经常使用:w命令定期保存你所做的修改。如果你指定的是一个已存在的文件名，那么下面的信息将出现在状态行：
file exits—use！to overwrite.
如果你确实想将缓冲区保存到已存在的文件中，用如下写命令的形式::w! existingFile 在这个语法中，existingFile 是你想替换的文件的文件名（小心，当重写文件之后，就不能恢复文件原来的形式了）。

5.2.2 定位光标

在命令模式中输入的、用于选定光标位置的命令称为光标定位命令。有时光标定位把一些奇怪的字符带入文件，可用<Ctrl-l>清除屏幕上假的或不寻常的字符。

vi 用<h>、<j>、<k>和<l>键来定位光标，它们处于方便击键的位置，不需要多少练习就能熟悉这些键。

下面是其他一些用于移动光标的键：
按<Space>或<l>向右移动光标一个位置
按<Return>或<+>将光标移动到下一行行首。注意使用<j>键将光标移动到下一行的当前位置。
按减号<->将光标移到上一行行首。注意用<k>键将光标移动到上一行的当前位置。
按<h>将光标向左移动一个字符。
按<0>（零）将光标移到一行行首。
按<$>（美元符）将光标移动到一行行尾。

vi 还允许用户相对于一行上的字（即由空格或常用标点符号与其他字符分开的字符序列）来定位光标，这些命令如下：

键击作用：
<w>将光标移动到下一个字。
<b>将光标移到当前字的开始处，如果已在开始，则移至前一字的开始。
<e>将光标移到当前字的末尾处。
可以在按<w>键前按一个数字键将光标向前移动几个字，例如，按<3><w>可以把光标从

当前位置向下移动三个字至其字头。同样，通过按<4><b>可以向后移动四个字；通过按<2><e>可以向前移动到第二个字的末尾。

这种整数技术也可与键<h>、<i>、<k>、<l>、<+>、<->一起使用。例如，按<1><5><j>把光标定位在向下数的第 15 行中。如果缓冲区中没有 15 行文本，会有嘟嘟声提醒，而光标则停在原地不动。

大范围移动键你可快速定位光标到屏幕的顶部、中部和底部。在每种情况下，光标都出现在行首。下面的命令允许你定位屏幕上的光标：

按<Shift-h>将光标移到屏幕的第一行。有时称为 home 位置。
按<Shift-m>将光标移到现在屏幕显示的各行的中间的一行。
按<Shift-l>将光标移到屏幕的最后一行。

如果你想在文件中一次移动一屏（这比按 23 次<Return>或<j>更加有效）：用滚动文件命令。按<Ctrl-f>向下移动一屏；按<Ctrl-b>向上移动一屏。要快速地移动到文件或缓冲区的最后一行，按<Shift-g>。要移动到文件的第一行，按<1><Shift-g>。事实上，要移动到缓冲区中指定的行中，在按<Shift-g>前键入行号。要移动到文件的第 35 行（如果有第 35 行），按<3><5><Shift-g>。

5.2.3 文本的编辑

要向正在编辑的缓冲区中添加文本，必须从命令模式转到输入模式。这时键入的常用的任何文本字符都添加到了缓冲区中。在输入模式中按<Return>，vi 在缓冲区中"打开"或添加一行。

在添加文本之前，将光标定位于要添加文本的位置。
按<a>进入输入模式，并在光标位置之后添加文本。
按<i>进入输入模式，并在光标位置之前插入文本。

需在某行的行尾添加文本时，可将光标定位于行尾，然后按<a>；或者把光标定位在该行任意地方，然后按<Shift-a>进入输入模式并添加文本。同样，可以通过按<Shift-i>移动到当前行的行首，并在行首插入文本。要在当前行的下面或上面添加一行文本，可分别按<o>键或<Shift-o>键。以后通过在每行结尾处按<Return>来添加更多的行。

键击	作用
<a>	在光标位置后添加文本
<Shift-a>	使你进入输入模式并且在当前行的末尾添加文本
<i>	在光标位置前插入文本
<Shift-i>	使你进入输入模式并且在当前行行首插入文本
<o>	在当前行的下面打开一行以添加文本
<Shift-o>	在当前行的上面打开一行以添加文本

必须在命令模式中才能删除字符，使用 vi，你可删除一个字符、一个字、许多连续的字、直到一行行尾的所有文本或一整行。

键击	作用
<x>	删除光标处的字符
<d><w>	删除从当前字的光标处到下一个字的开始处之间的内容
<d><$>	删除从光标处到行尾之间的内容

<Shift-d>	同<d>< $>，删除当前行的剩余部分	
<d><d>	删除整行，不管光标在该行的位置	

通过在命令前键入一个整数，可将这些命令应用到几个对象中，这些对象是字符、字或行。下面是一些例子：

按<4><x>以删除 4 个字符。

按<3><d><w>以删除 3 个字。

按<8><d><d>以删除 8 行。

通过按":n1，n2d"<Return>删除从 n1 行至 n2 行（包括这两行）的文本，例如，要删除 12 行到 36 行的内容，键入":12，36d"并按<Return>。

另一个经常要面对的编辑任务是修改文本，可用替换命令来替换或修改单个字符或字符序列。

键击	作用
<r>	替换单个字符
<Shift-r>	替换一个字符序列
<c><w>	修改当前字，从光标处到这个字的字尾
<c><e>	修改当前字，从光标处到这个字的字尾（与<c><w>相同）
<c><b>	修改当前字，从该字的字头到光标以前的那些字符
<c>< $ >	修改一行，从光标处到该行的行尾
<Shift-c>	修改一行，从光标处到该行的行尾（与<c>< $ >相同）
<c><c>	修改整行

这些命令必须在命令模式中使用，修改发生在与光标位置有关的地方。除使用<r>来替换单个字符外，这些命令都会进入输入模式，必须按<Esc>来完成所做的修改并返回命令模式。

如果用户无意中改变了一些不应该改变的内容（如删除或增加了一些不正确的文本），可以在命令模式下按<u>取消最近的改变，使缓冲区回到被修改前的样子。

5.2.4 拷贝、剪切和粘贴

在删除或剪切字符、字、行时，删除对象被保存在通用缓冲区中，用<p>或<Shift-p>命令可以将这个缓冲区的内容粘贴到所编辑文本的任何地方。<p>命令将对象粘贴到光标位置右边或光标位置后面；<Shift-p>命令将对象粘贴到光标位置左边或光标位置前面。

要改变两个字符的顺序，将光标定位在第一个字符下，然后按<x><p>。

另外，类似于拷贝操作，用"拉出"（yank）命令而不删除文本，就可以用<p>或<Shift-p>命令将这部分文本粘贴到别处。下面列出了一些拉出命令（注意大多数拉出命令使用小写字母 y）。

键击	作用
<y><w>	拉出从当前字的光标处到下一个字的开始处之间的内容
<y>< $ >	拉出从光标处到行尾之间的内容
<Shift-y>	与<y>< $>相同，拉出当前行的剩余部分
<y><y>	拉出整个当前行

通过在这些命令前键入整数，所有这些命令都可以用于多个对象，这些对象是字符、字

或行。

5.2.5 查找

与大多数编辑程序和字处理程序一样，vi 也有查找字符串的命令。实现从缓冲区中的当前位置处向前、向后或者循环查找。查找命令有：

命令	作用
/string	在缓冲区中向前查找字符串 string
?string	在缓冲区中向后查找字符串 string
<n>	以当前的方向再次查找
<Shift-n>	以相反的方向再次查找

当键入查找命令时，这个命令出现在状态行中。如果这个字符串不在缓冲区中，那么 vi 在状态行上显示信息 "Patternnotfound（样式没有找到）"。要查找在另一个地方的这个字符串，按<n>；vi 将光标定位在这个字符串出现的下一个位置上，或者如果没有"下一个字符串"，那么光标就不移动。如果你正在查找 vi 认为是"特殊"的字符，那么 vi 的查找可能不能给出你想要的结果。例如，如果你想要找到一个字，你知道这个字在一个句子的句尾（例如，字符串 "end."），你必须"转义"这个句点；对 vi 而言，句点意味着"任何字符"，而不是"句子的结尾"。如果你输入 "/end." 并按<Return>，那么 vi 会定位到 ending、定位到字 end 后跟一个空格和定位到 end 后跟一个句点等。要找到唯一的 end 后跟一个句点的字符串，输入 "/end\."。在 vi 中的查找还是大小写敏感的。

在 vi 中，可以在字符串内使用特殊字符，构成规则表达式，执行复杂的搜索。常见的特殊字符包括：

命令	作用
^	置于待搜索的字符串之前，匹配行首的字
$	置于待搜索的字符串之后，匹配行末的字
\<	匹配一个字的字头
\>	匹配一个字的字尾
.	匹配任意单个正文字符
[str]	匹配字符串 str 中的任意单个字符
[^str]	匹配不在字符串 str 中的任意单个字符
[a-c]	匹配从 a 到 c 之间的任一字符
*	匹配前一个字符的 0 次或多次出现
\	忽略特殊字符的特殊含义，将其看做普通字符

5.2.6 设置 vi 环境

vi 程序有一些选项来定制编辑环境，这些选项在启动 vi 时起作用。vi 的环境选项如下：

缩写选项	功能
ai	autoindent 选项把每一行缩排为与其上一行的行首对齐（这对编程是有用的）。它的默认值是 autoindent off
ap	autoprint 选项在当前行改变时将它打印到屏幕上。它的默认值是

	autoprint on
eb	errorbells 选项在出现命令错误时使计算机嘟嘟叫。它的默认值是 errorbells off
nu	number 选项在编辑文件时显示行号。它的默认值是 number off
redraw	redraw 选项当发生变化时使屏幕刷新。它的默认值是 redraw on
report	report 选项设置编辑操作改变的次数，这个次数能导致一个信息出现在状态行上。例如，report=3 将在你删除三行后触发一个信息，但当你删除少于三行时不显示信息。它的缺省值是 report=5
sm	showmatch 选项在输入右圆括号时显示匹配的左圆括号。这个选项主要对编写程序代码的程序员有用。它的默认值是 showmatch off
smd	showmode 选项在给出相关命令时，在状态行右边显示 INPUT、REPLACE 或 CHANGE。它的默认值是 showmode off
warn	已修改了缓冲区内容，但没有将缓冲区存入磁盘文件中，却试图退出 vi 时，warn 选项将显示一个警告信息。它的默认值是 warn on
wm=n	wrapmargin 选项定义右边距。在本命令的语法中，n 是一个整数。如果 n 大于 0，那么本命令强迫回车，以便留出右边距。例如，wm=5 告诉 vi 当字符出现在行内的最后 5 个字符中时换行。通过指定 wm=0 来关闭这个选项，这是默认值
ws	wordsearch（在某些系统上称作 wrapscan）在查找期间遇到 <eof>（文件结束字符）时从 <eof> 绕到 <bof>（文件开始字符）继续进行查找。它的默认值是 word search on

要浏览 vi 当前设置的选项，在命令模式中键入"：set"。vi 设置的当前选项显示在状态行上。

命令 set 可以缩写为 se。要在同一行设置许多选项，用 se 命令并用一个空格分隔选项，如下面的例子：

:se ap eb redraw report=1 sm smd warn wm=5 ws

注意到第一个字符是冒号，它指示 vi，将要输入一个命令。

要看看所有可能的选项和这些选项的设置的列表，键入"：set all"。将显示上表所列选项及其设置。

使用最多的选项之一是 showmode 选项。任何不带数字参数的选项都像一个切换开关：你可以打开它或关闭它。例如，设置 showmode 选项要输入：

:se showmode

要关闭 showmode 选项，你只需在这个选项前加一个 no：

:se noshowmode

在一个 vi 会话过程中设置一个选项仅为当前的会话设置了这个选项。通过把 set 命令放入起始目录下文件"．exrc"中，就可以定制 vi 会话。要看看这个文件是否存在，键入如下命令：

cd

vi．exrc

第一个命令使你回到你的起始目录。第二个命令用"．exrc"文件启动 vi。如果这个文件存在，那么它就出现在 vi 屏幕上，否则，vi 创建一个新文件。在".exrc"文件中的 set 命令以字 set 开始但没有冒号。例如，下面的一行设置选项 number 和 showmode：

set number showmode

如果".exrc"文件在 vi 中创建或修改，必须重新启动 vi，以使这个文件中的那些设置起作用。

§5.3 程序编译

5.3.1 C 程序的编译和连接

用 gcc 编译 C 程序并生成可执行文件实际要经历如下四步：
- 预处理。调用 cpp 程序，对各种命令如#define、#include、#if 进行分析。
- 编译。调用 cc1 程序，根据输入文件产生汇编语言。
- 汇编。调用 as 程序，用汇编语言作为输入产生".o"扩展名的目标文件。
- 连接。调用连接程序 ld，将各目标文件放于可执行文件的适当位置。这一程序引用的函数也放在可执行文件中。

gcc 的基本用法是：

$ gcc -o prog main.c subr1.c subr2.c subr3.c

其中，-o 开关用来指定生成的可执行文件名为 prog。如果不指定-o 参数，gcc 则使用默认的文件名 a.out。

如果用户希望单独编译每一个源文件，最后再进行连接，可以如下进行：

$gcc -c main.c

$gcc -c subr1.c

$gcc -c subr2.c

$gcc -c subr3.c

$gcc -o prog main.o subr2.o subr3.o

其中，-c 开关表示编译生成目标文件，但不连接。最后一个 gcc 命令连接所有目标文件并构成可执行文件。此时，由于所有输入都已经是目标文件，不再需要编译和汇编，所以 gcc 只调用连接程序。

在命令行中，gcc 是根据文件扩展名的不同来分别做相应处理的。表 5-1 列出了各种文件扩展名的含义以及所作的处理，表 5-2 列出了常用的 gcc 命令行开关。

表 5-1　　　　　　　　　C 编程中涉及的文件类型

文件扩展名	含义	gcc 所作处理
.c	C 源文件	由 gcc 预处理和编译
.C .cc .cxx	C++源文件	由 gcc 预处理和编译
.m	Objective C 源文件	由 gcc 预处理，编译和汇编
.i	预处理后的 C 源文件	由 gcc 编译

续表

文件扩展名	含义	gcc 所作处理
.ii	预处理后的 C++源文件	由 gcc 编译
.s	汇编语言源文件	由 ss 汇编
.S	汇编语言源文件	由 as 预处理和汇编
.o	编译后的目标文件	传送给 ld
.a	目标文件库	传送给 ld

表 5-2 gcc 编译选项开关

编译选项	说明
-c	对源程序进行预处理、编译和汇编,不进行连接。每个源程序产生一个目标文件。
-o file	定义输出的可执行文件名为 file。如果不使用-o 选项,可执行文件的默认名称为 a.out。目标文件和汇编文件的输出对 source.suffix 分别是 source.o 和 source.s,预处理的 C 源程序的输出是标准输出 stdout。
-Dmacro -Dmacro=defn	类似于源程序中的#define。例如: $gcc -c -DHAVE_GDBM -DHELP_FILE=\"help\" cdict.c 其中,第一个-D 选项定义宏 HAVE_GDBM,在程序中可以用#ifdef 去检查它是否被置;第二个-D 选项将宏 HELP_FILE 定义为字符串"help",这对于控制程序打开哪个文件是很有用的。注意:由于使用了反斜杠"\",因此引号也成为该宏定义的一部分。
-Umacro	某些宏是被编译程序自动定义的。利用这些宏,可以指定在其中进行编译的计算机系统类型的符号,用户可以在编译某程序时加上-V 选项以查看 gcc 默认定义了哪些宏。如果用户想取消其中某个宏定义,用-Umacro 选项,这相当于把#undefmacro 放在要编译的源文件的开头。
-Idir	将 dir 目录加到搜寻头文件的目录列表中,并优先于 gcc 默认的搜索目录。在有多个-I 选项的情况下,按命令行中-I 选项的前后顺序搜索。dir 可使用相对路径,如-I../inc 等。
-O	对程序编译进行优化,编译程序试图减少被编译程序的长度和执行时间,但其编译速度比不作优化慢,而且要求较多的内存。
-g	产生一张用于调试和排错的扩展符号表。-g 选项使程序可以用 GNU 的调试程序 gdb 进行调试。优化和调试通常是不兼容的,同时使用-g 和-O(或-O2)选项经常会使程序产生奇怪的运行结果。所以不要同时使用-g 和-O(或-O2)选项。
-fpic、-fPIC	产生位置无关的目标代码,可用于构造共享函数库。

表5-2 列出了 gcc 的编译选项。在 gcc 的命令行中,还可以使用连接选项(见表5-3)。事实上,gcc 将所有不能够识别的选项传递给连接程序 ld。连接程序 ld 将几个目标文件和程序组合成一个可执行文件,它要解决对外部变量、外部过程、程序等的引用。利用 gcc 命令去连接各个文件很简单,即使在命令行里没有列出库程序,gcc 也能保证某些库程序以正确的次序出现。

表 5-3　　　　　　　　　　gcc 连接选项开关

连接选项	说　明
-Ldir	将 dir 目录加到搜寻-L 选项指定的函数的目录列表中,并优先于 gcc 默认的搜索目录。在有多个-L 选项的情况下,按命令行中-L 选项的前后顺序搜索。dir 可使用相对路径。如-L../lib 等。
-lname	在连接时使用函数库 libname.a,连接程序在-Ldir 选项指定的目录下和/lib、/usr/lib 目录下寻找这一库文件。在没有使用-static 选项时,如果发现共享函数库 libname.so,则使用 libname.so 进行动态连接。
-shared	尽量与共享函数库连接(这是在 Linux 中连接程序的默认选项)。

下面是一个使用 gcc 进行连接的例子:

$gcc -o prog main.o subr.o -L../lib-lany -lm

5.3.2 创建函数库

有时用户需要建立自己的函数库。创建和更新函数库的命令是 ar。例如:

$ar rs lib-name list-of-files

上述命令创建一个新库。其中 r 选项表示把清单 list-of-files 中的目标文件添加到函数库 lib-name,如果 lib-name 库不存在则新建一个;s 选项表示为该库生成一个索引。又如:

$ar rus lib-name list-of-files

上述命令用来更新一个库。命令将 list-of-files 所列文件的日期与库中原有版本进行比较,如果 list-of-files 中的文件比库中的版本更新,ar 就用新版本替代老版本;s 选项用来更新函数库的索引。

从函数库中删除一个或多个文件,可使用如下命令:

$ar ds lib-name list-of-files

该命令删除由 list-of-files 列出的并在 lib-name 库中的所有文件。

从一个函数库中取一个或多个文件,可用如下命令:

$ar x lib-name list-of-files

该命令并不修改函数库文件本身,而是从库中提取 list-of-files 列出的所有文件。通常,被提取文件的时间被标记成当前时间。但如果用 xo 选项取代 x 选项,则被提取文件的时间被标记成它们进入档案的时间。

5.3.3 利用 make 和 Makefile 自动编译

利用 make 程序和 Makefile 文件可以实现程序的自动编译。make 程序自动确定一个软件包中需要重新编译的部分，并用特定命令去实现。准确使用 make 可以大大减少程序的编译时间，避免不必要的再编译。

使用 make 之前必须编写一个名为 makefile 的文件，描述软件包中各文件之间的关系，提供更新每个文件的命令。一般情况下，通过连接目标文件来更新可执行文件，通过编译源文件来更新目标文件。建立了合适的 makefile 文件之后，如果改动了某些源文件，只需使用简单的 shell 命令 make，就可以完成重新编译的工作。make 程序根据 makefile 的数据和每个文件的更改时间来确定哪些文件需要更新，并用 makefile 中定义的命令来更新文件。如果在 make 程序中没有用 -f 选项指定一个 Makefile 文件，make 将在当前目录下按顺序寻找具有下列名称的文件：GNUmakefile、makefile、Makefile。推荐使用文件名 Makefile。因为它的第一个字母是大写，通常被列在一个目录的文件列表的前面。使用 make 程序之前首先必须创建 Makefile 文件。

在 Makefile 中包含一些目标以及实现这些目标的一组命令。所谓目标，也就是 make 程序所要完成的任务，目标通常是文件名，每个目标的完成依赖于其他一些目标或文件，例如，下面给出了一个简单的 Makefile 的例子：

#This is a simple sample of Makefile
prog：prog.o subr.o
　　gcc -o prog prog.o subr.o
prog.o：prog.c prog.h
　　gcc -c -I. -o prog.o prog.c
subr.o：subr.c
　　gcc -c -o subr.o subr.c
clean：
　　rm -ff prog *.o

上述 Makefile 文件定义了四个目标：prog、prog.o、subr.o 和 clean。目标从每行最左边开始书写，后面跟一个冒号，与目标相关的其他目标或文件列在冒号后面，并以空格隔开，然后另起一行书写 shell 命令，用来实现该目标。注意，每条 shell 命令行的第一个字符必须是 Tab 键，不能用一个或一串空格开头，否则 make 就会显示一条错误信息，指出 Makefile 中写错的那一行，然后退出，如：

Makefile：2：***missing separator. Stop.

一般情况下，键入 make target 即可调用 make 命令。其中，target 是 Makefile 文件中定义的目标之一；如果缺省 target，make 就生成 Makefile 文件中定义的第一个目标。对于上面 Makefile 的例子，由于 prog 是 Makefile 中定义的第一个目标，因此命令"make"与"make prog"是等价的。

make 为它执行的每一条命令行生成一个新的 shell。其结果是，被该 shell 执行的命令只在一个命令行内部有效，特别是 cd 命令，只能影响它所在的命令行。例如，在下列命令行中：

cd ../lib
gcc -c -o subr.o subr.c

第一行的 cd 命令对第二行是无效的。要想在编译 subr.c 之前进入 ../lib 目录，可使用如下命令：

cd ../lib; gcc -c -o subr.o subr.c

在 Makefile 中，可使用续行号"\"将一个命令行延续成几行。但要注意，在续行号后面不能跟任何字符（包括空格和 Tab 键）。

make 在检查一个目标是否已经过时并需要更新时，采用的是按相关性递归的方法。make 在构建一个目标之前要生成该目标依赖的所有文件，并递归地前进，从而确保这些文件是最新的。make 采取如下步骤去生成一个目标：

①如果一个目标 task 不是作为一个文件而存在，它就过时了。命令 make task 总是执行该任务。

②make 检查所有与 task 目标相关的目标。对于不是 Makefile 中定义的任务，而只是文件的相关目标，则检查文件是否比 task 文件更新，文件中有一个更新则 task 就过时了。对于 Makefile 中定义任务的相关目标，则按同样的方法递归检查其是否过时，如果其中有任何一个过时了，则 task 也就过时了。

③从递归的底层向上，更新所有已过时的目标：只有当一个目标依赖的所有目标都已是最新的，才可以更新这个目标。

我们通过上面 Makefile 的例子来看一看目标更新的过程。现在假设我们修改了文件 subr.c。我们用如下命令更新目标 prog，即重新编译可执行文件 prog：$make prog。由于目标 prog 依赖于目标 prog.o 和 subr.o，make 必须检查目标 prog.o 和 subr.o 是否过时。目标 prog.o 依赖于文件 prog.c 和 prog.h，make 检查目标文件 prog.o 和源文件 prog.c 和 prog.h 的日期，发现 prog.o 比它所依赖的源文件要新，即并不过时。再检查目标 subr.o，它依赖于文件 subr.c。由于我们编辑了 subr.c，它的日期比目标文件 subr.o 的日期要新，即 subr.o 过时了，从而依赖于 subr.o 的所有目标都过时了。make 用定义目标 subr.o 的 shell 命令来更新 subr.o：gcc -c -o subr.o subr.c。由于目标 subr.o 过时并更新，导致目标 prog 已经过时，make 用定义目标 prog 的一组 shell 命令来更新它：

gcc -o prog prog.o subr.o

从而完成了"make prog"的任务。

如果我们是第一次编译上面这个软件，则因为 prog、prog.o、subr.o 等目标文件都不存在，按照约定，所有目标 prog、prog.o、subr.o 都是过时的，都必须更新，即必须从底向上执行定义这些目标的所有命令。

在上面 Makefile 的例子中，还定义了一个目标 clean。输入 make clean 命令，将执行 rm -f prog *.o。clean 目标是 Makefile 中常用的一种专用目标，即删除所有的目标模块。输入 make clean 命令时，make 就查看一个名为 clean 的文件，如果该文件不存在（我们约定，永远不在软件目录中使用具有这一名字的文件），make 就执行定义该目标的所有命令。

另一个经常用到的专用目标是 install。通常，它将编译完成的可执行文件和程序运行所需要的其他文件拷到指定的安装目录，并设置相应的保护。为了简化命令的书写，在 Makefile 中可以定义一些宏（macro）和使用几个预定义的缩写。下面是几个很有用的缩写：

$@ 代表该目标的全名
$* 代表已经删除了后缀的目标名
$< 代表该目标的第一个相关目标名

按照上述缩写，前面 Makefile 的例子可改写成：
#Here is a simple sample of Makefile
prog：prog.o subr.o
gcc -o $@ prog.o subr.o
prog.o：prog.c prog.h
gcc -c -o $@ @<
subr.o：subr.c
gcc -c -o $@ $*.C
clean：
rm -f prog *.o

这类缩写在编写默认的编译规则时很有用。

一个宏定义从一行的最左边开始书写，具有如下格式：
macro-name = macro-body

当 make 在处理这一 Makefile 时，就用 macro-body 替代 $(macro-name) 串。上面的 Makefile 的例子可用定义宏的方法使之更清晰：
#Here is a simple sample of Makefile
DEPENDS = prog.o subr.o
prog：$(DEPENDS)
gcc -o $@ $(DEPENDS)
prog.o：prog.c prog.h
gcc -c -I. -o $@ $*.c
subr.o：subr.c
gcc -c -o $@ $*.c
clean：
rm -f prog *.o

在定义一组编译选项时，宏定义也是很有用的。例如：
CFLAGS = -DDEBUG -g

上述宏定义中包含了两个编译选项。我们可以在 Makefile 中用下列命令编译用于调试的目标文件：
gcc -c $(CFLAGS) -o list.c

在 Makefile 文件中，如果没有给出从相关目标构造某一目标的命令，make 程序将适用隐含规则。

make 程序预定义了一些隐含规则，每个隐含规则适用于一个目标类型和它的相关类型的组合。对应同一目标类型的相关类型可能不止一个，例如，有多个规则可产生目标类型为".o"的文件，如从".c"文件用 C 编译器编译得到，或从".f"文件用 Fortran 编译器得到。那么，如何确定究竟应该适用哪条隐含规则呢？

在 Makefile 文件中，如果没有给出从相关目标构造某一目标的命令，make 程序将适用隐含规则。

隐含规则是通过后缀（suffix）规定来实现的。带有哪些后缀的目标适用隐含规则是由 make 程序的内置目标".SUFFIXES"相关目标列表定义的。默认的后缀列表是：.out、

181

.a、.ln、.o、.c、.cc、.C、.p、.f、.F、.r、.y、.l、.s、.S、.mod、.sym、.def、.h、.info、.dvi、.tex、.texinfo、.texi、.txinfo、.w、.ch、.web、.sh、.elc、.el。在所有隐含规则中，允许的目标或相关类型必须是上列类型中的一种。在这个列表中，位置靠前的类型具有更高的优先级，即如果有数条隐含规则的目标类型一样，make 程序按上面列表的顺序选用第一个其相关类型存在或可以构造的隐含规则。

例如，对下面的 Makefile：

```
#Here is a sample sample of Makefile
prog: prog.o subr.o
gcc -o prog prog.o subr.o
clean:
rm -f prog *.o
```

prog 的相关目标 prog.o（和 subr.o）的构造规则没有定义，make 程序适用隐含规则。在默认的隐含规则中，可以生成目标类型为 ".o" 文件的相关类型有很多种，例如 .C、.cc、.c、.p、.f 等。make 程序将按顺序找出第一个存在的或可以构造的相关类型，如果将它代到了 prog.c 文件，它就适用从 .c 文件生成 .o 文件的隐含规则。如果 prog.c、prog.cc、prog.C 和 prog.p 文件都没有找到或不可构造，但找到了 prog.f，它就适用从 ".f" 文件生成 ".o" 文件的隐含规则，依此类推。

make 程序的一条隐含规则可用如下语句表示：

```
.c.o:
$(CC) -c $(CPPFLAGS) $(CFLAGS) $<
```

这条隐含规则的目标类型是 .o，而相关类型是 .c。它确定了如何从 .c 文件生成 .o 文件。其中用到的 cc、CPPFLAGS、CFLAGS 在 make 程序里都有默认的定义。关于 make 程序定义的所有隐含规则的信息，请参考 GNU make 软件包附带的文档。

如果我们不想使用 make 程序定义的默认规则，可以定义自己的后缀规则，如：

```
.c.o:
gcc -c -g -DDEBUG -DHELP_FILE=\"help\" -o $*.o $<
```

我们也可以用 .SUFFICES：清除默认后缀列表，或者往后缀列表列中增加新的相关类型。例如：

```
.SUFFIXES:
.SUFFIXES: .c .o
.c.o:
gcc -c -g -DDEBUG -DHELP_FILE=\"help\" -o $*.o $<
```

.SUFFIXES：首先清除后缀列表，所有的后缀规则（包括默认规则）都失效；而 .SUFFIXES：.c.o 将 .c、.o 添加到后缀列表里，以后所有的后缀规则可涉及 .c 和 .o 文件。

后缀规则适用于所有 UNIX 版本的 make 程序，GNU 的 make 程序提供了一种更方便的规则定义方式，称为模式（pattern）规则。模式规则的格式类似 Makefile 中一般的目标定义，但它使用 "%" 作为通配符，如

```
%.o: %.c
gcc $(CFLAGS) -c $<
```

表示从".c"文件生成".o"文件的规则。

模式规则不依赖于后缀列表。它与后缀规则的另一个不同之处可用下面的例子来说明。

.c.o:
 $(CC) -c $(CFLAGS) $(CPPFLAGS) -o $@ $<

后缀规则说明了从".c"文件产生".o"文件的规则，但后缀规则不能有自己的相关目标。如下面的规则要求从相关文件 foo.h 编译产生文件 .c.o：

.c.o: foo.h
 $(CC) -c $(CFLAGS) $(CPPFLAGS) -o $@ $<

而模式规则却可以有自己的相关目标：

$.o: %.c foo.h
 $(CC) -c $(CFLAGS) $(CPPFLAGS) -o $@ $<

它定义了从".c"文件生成".o"文件的规则，而且使所有用这条规则生成的".o"文件都与 foo.h 相关。

附录1 全球地震台网（GSN）分布图

1. GSN 地震台网全球分布图

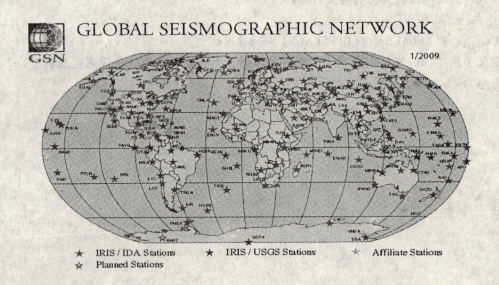

2. GSN 宽带数字地震台网联盟台站分布图

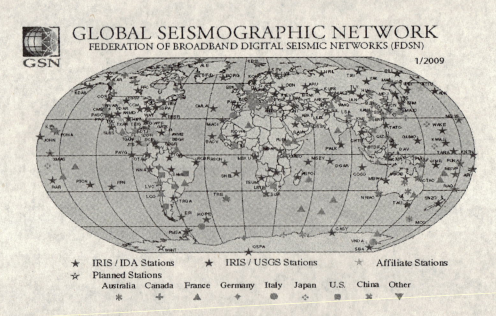

3. 国际数字地震台网联盟台站分布图

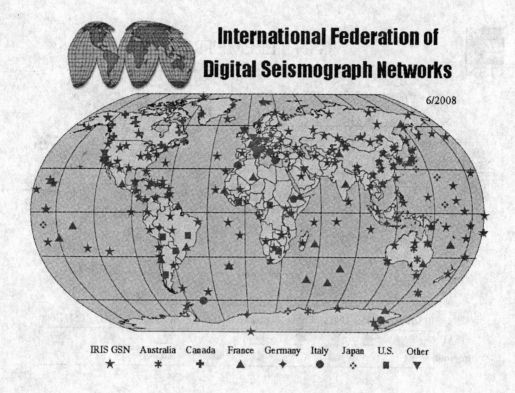

4. GSN 通信中心分布图

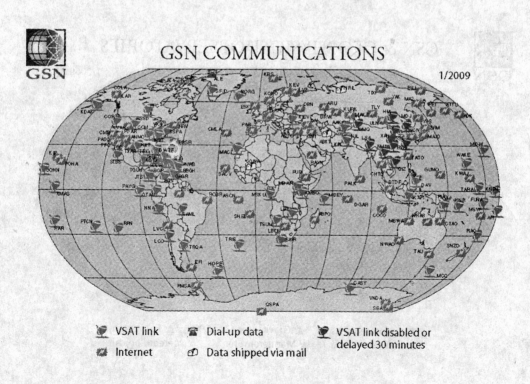

5. GSN 遥控通信中心分布图

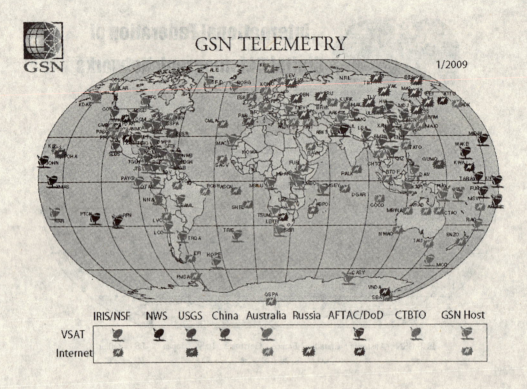

6. GSN 及地球物理中心分布图

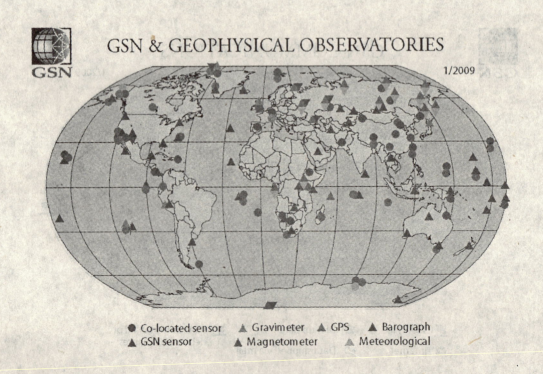

7. GSN 国际监测系统分布图

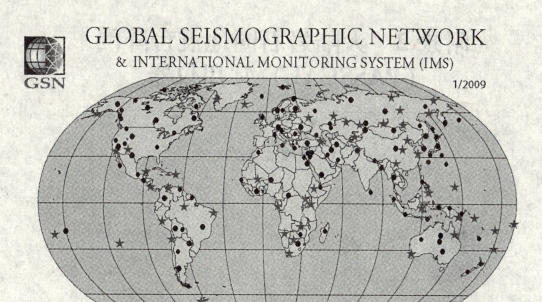

附录2 大陆岩石圈地震台阵网（PASSCAL）常用仪器

1. 宽频地震仪

Guralp CMG 3T

Streckeisen STS2

Guralp CMG 3ESP

2. 短周期地震仪

Guralp CMG 40T

Teledyne/Geotech S-13

Mark Products L-4

3. 高频地震仪

Mark Products L-22

Mark Products L-28

Vertical Strings Mark Products L-28

4. 高分辨率数字采集仪

Reftek R130, 24 bit, 3 channel digitizer

Quanterra Q300, 24 bit, 3 channel digitizer

Geometrics Geode, 24 bit, 24 channel digitizer

Reftek R125, 24 bit, 1 channel digitizer

附录3 全球地震台网(GSN)台站名称代码
（根据台站循序）

NAME	NET	STATION	LAT	LON	STARTTIME	ENDTIME
_GSN	IU	AAE	9.0292	38.7656	1994-12-12 00:00:00.0	1997-09-16 00:00:00.0
_GSN	II	AAK	42.639	74.494	1990-10-12 00:00:00.0	2599-12-31 23:59:59.0
_GSN	II	ABKT	37.9304	58.1189	1993-04-25 00:00:00.0	2599-12-31 23:59:59.0
_GSN	II	ABPO	-19.018	47.229	2007-04-04 00:00:00.0	2599-12-31 23:59:59.0
_GSN	IU	ADK	51.8823	-176.6842	1993-09-21 00:00:00.0	2599-12-31 23:59:59.0
_GSN	IU	AFI	-13.9093	-171.7773	1993-08-24 00:00:00.0	2599-12-31 23:59:59.0
_GSN	II	ALE	82.5033	-62.35	1990-02-19 00:00:00.0	2599-12-31 23:59:59.0
_GSN	IU	ANMO	34.9459	-106.4572	1989-08-29 00:00:00.0	2599-12-31 23:59:59.0
_GSN	IU	ANMO	34.94591	-106.4572	1989-08-29 00:00:00.0	2599-12-31 23:59:59.0
_GSN	IU	ANMO	34.9502	-106.4602	1989-08-29 00:00:00.0	2599-12-31 23:59:59.0
_GSN	IU	ANTO	39.868	32.7934	1992-09-25 00:00:00.0	2599-12-31 23:59:59.0
_GSN	CU	ANWB	17.66853	-61.78557	2007-09-07 00:00:00.0	2599-12-31 23:59:59.0
_GSN	II	ARU	56.4302	58.5625	1988-09-14 00:00:00.0	2599-12-31 23:59:59.0
_GSN	II	ASCN	-7.9327	-14.3601	1994-10-01 00:00:00.0	2599-12-31 23:59:59.0
_GSN	IM	ATTU	52.882099	173.164307	1970-01-24 00:00:00.0	2006-06-20 23:59:59.0
_GSN	IM	ATTU1	52.882099	173.164307	2006-06-20 00:00:00.0	2599-12-31 23:59:59.0
_GSN	IM	ATTUB	52.882099	173.164307	2006-06-20 00:00:00.0	2599-12-31 23:59:59.0
_GSN	CU	BBGH	13.1434	-59.5588	2006-09-06 18:12:00.0	2599-12-31 23:59:59.0
_GSN	IU	BBSR	32.371299	-64.696299	2002-07-10 00:00:00.0	2599-12-31 23:59:59.0
_GSN	CU	BCIP	9.1665	-79.8373	2006-12-02 15:44:00.0	2599-12-31 23:59:59.0
_GSN	II	BFO	48.3319	8.3311	1996-05-29 00:00:00.0	2599-12-31 23:59:59.0
_GSN	IU	BILL	68.0653	166.4531	1995-08-16 00:00:00.0	2599-12-31 23:59:59.0
_GSN	IC	BJT	40.0183	116.1679	1994-05-25 00:00:00.0	2599-12-31 23:59:59.0
_GSN	IU	BOCO	4.5869	-74.0432	1994-06-06 00:00:00.0	1996-08-22 00:00:00.0
_GSN	II	BORG	64.7474	-21.3268	1994-07-31 00:00:00.0	2599-12-31 23:59:59.0
_GSN	II	BRVK	53.0581	70.2828	1994-09-01 00:00:00.0	2599-12-31 23:59:59.0

NAME	NET	STATION	LAT	LON	STARTTIME	ENDTIME
_GSN	MS	BTDF	1.3608	103.7729	1996-08-01 00:00:00.0	2599-12-31 06:48:02.0
_GSN	IU	CASY	-66.2792	110.5354	1996-02-19 00:00:00.0	2599-12-31 23:59:59.0
_GSN	IU	CCM	38.0557	-91.2446	1989-07-28 00:00:00.0	2599-12-31 23:59:59.0
_GSN	IU	CHTO	18.8141	98.9443	1992-08-31 00:00:00.0	2599-12-31 23:59:59.0
_GSN	BK	CMB	38.03455	-120.38651	1986-10-25 00:00:00.0	2599-12-31 23:59:59.0
_GSN	II	CMLA	37.7637	-25.5243	1996-03-10 00:00:00.0	2599-12-31 23:59:59.0
_GSN	II	COCO	-12.1901	96.8349	1996-12-15 00:00:00.0	2599-12-31 23:59:59.0
_GSN	IU	COL	64.9	-147.7933	1991-03-04 00:00:00.0	1997-10-30 00:00:00.0
_GSN	IU	COLA	64.873599	-147.8616	1996-06-14 00:00:00.0	2599-12-31 23:59:59.0
_GSN	IU	COR	44.5855	-123.3046	1989-10-26 00:00:00.0	2599-12-31 23:59:59.0
_GSN	IU	CTAO	-20.0882	146.2545	1991-06-17 00:00:00.0	2599-12-31 23:59:59.0
_GSN	IU	DAV	7.0697	125.5791	1994-12-18 00:00:00.0	2599-12-31 23:59:59.0
_GSN	II	DGAR	-7.4121	72.4525	2004-01-22 00:00:00.0	2599-12-31 23:59:59.0
_GSN	IU	DWPF	28.1103	-81.4327	1998-08-02 00:00:00.0	2599-12-31 23:59:59.0
_GSN	II	EFI	-51.6753	-58.0637	1996-02-16 00:00:00.0	2599-12-31 23:59:59.0
_GSN	IC	ENH	30.2762	109.4944	1997-09-20 00:00:00.0	2599-12-31 23:59:59.0
_GSN	II	ERM	42.015	143.1572	1990-05-21 00:00:00.0	2599-12-31 23:59:59.0
_GSN	II	ESK	55.3167	-3.205	1987-11-13 00:00:00.0	2599-12-31 23:59:59.0
_GSN	II	FFC	54.725	-101.9783	1993-08-28 00:00:00.0	2599-12-31 23:59:59.0
_GSN	IU	FUNA	-8.5259	179.1966	2004-01-21 20:24:00.0	2599-12-31 23:59:59.0
_GSN	IU	FURI	8.8952	38.6798	1997-09-01 00:00:00.0	2599-12-31 23:59:59.0
_GSN	II	GAR	39	70.3167	1988-09-14 00:00:00.0	1992-05-29 00:00:00.0
_GSN	IU	GNI	40.148	44.741	1991-07-10 00:00:00.0	2599-12-31 23:59:59.0
_GSN	IU	GRFO	49.6909	11.2203	1994-01-26 00:00:00.0	2599-12-31 23:59:59.0
_GSN	CU	GRGR	12.1324	-61.654	2006-12-12 11:41:00.0	2599-12-31 23:59:59.0
_GSN	CU	GRTK	21.51149	-71.1327	2007-12-18 00:00:00.0	2599-12-31 23:59:59.0
_GSN	CU	GTBY	19.9268	-75.1108	2007-08-27 15:26:00.0	2599-12-31 23:59:59.0
_GSN	IU	GUMO	13.5893	144.8684	1991-06-09 00:00:00.0	2599-12-31 23:59:59.0
_GSN	H2	H2O	27.88191	-141.991736	1999-10-04 00:00:00.0	2003-05-27 00:00:00.0
_GSN	IC	HIA	49.2704	119.7414	1994-12-04 00:00:00.0	2599-12-31 23:59:59.0
_GSN	IU	HKT	29.9618	-95.8384	1995-07-11 00:00:00.0	2599-12-31 23:59:59.0
_GSN	IU	HNR	-9.4387	159.9475	1993-10-22 00:00:00.0	2599-12-31 23:59:59.0

续表

NAME	NET	STATION	LAT	LON	STARTTIME	ENDTIME
_GSN	II	HOPE	-54.2836	-36.4879	1996-12-10 00:00:00.0	2599-12-31 23:59:59.0
_GSN	IU	HRV	42.5064	-71.5583	1988-01-01 00:00:00.0	2599-12-31 23:59:59.0
_GSN	IM	IL01	64.771599	-146.886093	1970-01-24 00:00:00.0	2599-12-31 23:59:59.0
_GSN	IM	IL02	64.784698	-146.864303	1970-01-24 00:00:00.0	2599-12-31 23:59:59.0
_GSN	IM	IL03	64.7714	-146.851196	1970-01-24 00:00:00.0	2599-12-31 23:59:59.0
_GSN	IM	IL04	64.757004	-146.876098	1970-01-24 00:00:00.0	2599-12-31 23:59:59.0
_GSN	IM	IL05	64.773102	-146.922897	1970-01-24 00:00:00.0	2599-12-31 23:59:59.0
_GSN	IM	IL06	64.779198	-146.904006	1970-01-24 00:00:00.0	2599-12-31 23:59:59.0
_GSN	IM	IL07	64.799301	-146.839294	1970-01-24 00:00:00.0	2599-12-31 23:59:59.0
_GSN	IM	IL08	64.790298	-146.796905	1970-01-24 00:00:00.0	2599-12-31 23:59:59.0
_GSN	IM	IL09	64.768097	-146.783203	1970-01-24 00:00:00.0	2599-12-31 23:59:59.0
_GSN	IM	IL10	64.752899	-146.843093	1970-01-24 00:00:00.0	2599-12-31 23:59:59.0
_GSN	IM	IL11	64.741501	-146.897399	1970-01-24 00:00:00.0	2599-12-31 23:59:59.0
_GSN	IM	IL12	64.744698	-146.943603	1970-01-24 00:00:00.0	2599-12-31 23:59:59.0
_GSN	IM	IL13	64.747902	-146.986495	1970-01-24 00:00:00.0	2599-12-31 23:59:59.0
_GSN	IM	IL14	64.775002	-146.9794	1970-01-24 00:00:00.0	2599-12-31 23:59:59.0
_GSN	IM	IL15	64.777702	-146.942794	1970-01-24 00:00:00.0	2599-12-31 23:59:59.0
_GSN	IM	IL16	64.793297	-146.921493	1970-01-24 00:00:00.0	2599-12-31 23:59:59.0
_GSN	IM	IL17	64.807198	-146.889801	1970-01-24 00:00:00.0	2599-12-31 23:59:59.0
_GSN	IM	IL18	64.7575	-146.776794	1970-01-24 00:00:00.0	2599-12-31 23:59:59.0
_GSN	IM	IL19	64.746101	-146.797393	1970-01-24 00:00:00.0	2599-12-31 23:59:59.0
_GSN	IM	IL31	64.7714	-146.886596	1970-01-24 00:00:00.0	2599-12-31 23:59:59.0
_GSN	IU	INCN	37.4776	126.6239	1995-07-20 00:00:00.0	2599-12-31 23:59:59.0
_GSN	IU	JOHN	16.7329	-169.5292	1998-07-24 21:40:27.0	2599-12-31 23:59:59.0
_GSN	II	JTS	10.2908	-84.9525	1995-04-23 00:00:00.0	2599-12-31 23:59:59.0
_GSN	II	KAPI	-5.0142	119.7517	1999-02-06 00:00:00.0	2599-12-31 23:59:59.0
_GSN	IU	KBL	34.5408	69.0432	2006-11-09 00:00:00.0	2599-12-31 23:59:59.0
_GSN	IU	KBS	78.9154	11.9385	1994-11-05 00:00:00.0	2599-12-31 23:59:59.0
_GSN	II	KDAK	57.7828	-152.5835	1997-06-09 00:00:00.0	2599-12-31 23:59:59.0
_GSN	IU	KEV	69.7565	27.0035	1993-06-07 00:00:00.0	2599-12-31 23:59:59.0
_GSN	IU	KIEV	50.7012	29.2242	1995-01-30 00:00:00.0	2599-12-31 23:59:59.0
_GSN	IU	KIP	21.42	-158.0112	1988-08-15 00:00:00.0	2599-12-31 23:59:59.0

NAME	NET	STATION	LAT	LON	STARTTIME	ENDTIME
_GSN	II	KIV	43.9553	42.6863	1988-09-14 00:00:00.0	2599-12-31 23:59:59.0
_GSN	II	KIV	43.9562	42.6888	1988-09-14 00:00:00.0	2599-12-31 23:59:59.0
_GSN	IU	KMBO	-1.1271	37.2525	1995-09-17 00:00:00.0	2599-12-31 23:59:59.0
_GSN	IC	KMI	25.1233	102.74	1996-04-27 00:00:00.0	2599-12-31 23:59:59.0
_GSN	IU	KNTN	-2.7744	-171.7186	2007-12-04 00:00:00.0	2599-12-31 23:59:59.0
_GSN	IU	KONO	59.6491	9.5982	1991-06-20 00:00:00.0	2599-12-31 23:59:59.0
_GSN	IU	KOWA	14.4967	-4.014	1998-03-08 00:00:00.0	2599-12-31 23:59:59.0
_GSN	II	KURK	50.7154	78.6202	1995-03-26 00:00:00.0	2599-12-31 23:59:59.0
_GSN	II	KWAJ	8.8019	167.613	1999-06-22 00:00:00.0	2599-12-31 23:59:59.0
_GSN	GT	LBTB	-25.0151	25.59665	1993-04-17 00:00:00.0	2599-12-31 23:59:59.0
_GSN	IU	LCO	-29.011	-70.7004	1998-12-20 00:00:00.0	2599-12-31 23:59:59.0
_GSN	IC	LSA	29.7031	91.127	1995-08-03 00:00:00.0	2599-12-31 23:59:59.0
_GSN	IU	LSZ	-15.2779	28.1882	1994-08-05 00:00:00.0	2599-12-31 23:59:59.0
_GSN	IU	LVC	-22.6127	-68.9111	1996-12-02 00:00:00.0	2599-12-31 23:59:59.0
_GSN	II	LVZ	67.8979	34.6514	1992-12-01 00:00:00.0	2599-12-31 23:59:59.0
_GSN	IU	MA2	59.5756	150.77	1993-09-17 00:00:00.0	2599-12-31 00:00:00.0
_GSN	IU	MACI	28.2502	-16.508199	2008-08-07 20:53:00.0	2599-12-31 23:59:59.0
_GSN	IU	MAJO	36.54567	138.20406	1990-08-18 00:00:00.0	2599-12-31 23:59:59.0
_GSN	IU	MAKZ	46.808	81.977	1996-09-14 00:00:00.0	2599-12-31 00:00:00.0
_GSN	II	MBAR	-0.6019	30.7382	1999-09-22 00:00:00.0	2599-12-31 23:59:59.0
_GSN	IU	MBWA	-21.159	119.7313	2001-08-25 00:00:00.0	2599-12-31 23:59:59.0
_GSN	AU	MCQ	-54.4986	158.9561	2004-06-28 00:00:00.0	2599-12-31 23:59:59.0
_GSN	IC	MDJ	44.617	129.5908	1996-11-09 00:00:00.0	2599-12-31 23:59:59.0
_GSN	IU	MIDW	28.2156	-177.3698	1999-10-23 00:00:00.0	2599-12-31 23:59:59.0
_GSN	II	MSEY	-4.6737	55.4792	1995-05-15 00:00:00.0	2599-12-31 23:59:59.0
_GSN	IU	MSKU	-1.6557	13.6116	1999-02-27 11:20:00.0	2599-12-31 23:59:59.0
_GSN	II	MSVF	-17.7333	178.05	1994-05-24 00:00:00.0	2599-12-31 23:59:59.0
_GSN	CU	MTDJ	18.22605	-77.53454	2007-12-08 00:00:00.0	2599-12-31 23:59:59.0
_GSN	IU	NAI	-1.2739	36.8037	1995-01-05 00:00:00.0	1995-09-18 00:00:00.0
_GSN	II	NIL	33.6506	73.2686	1994-12-18 00:00:00.0	2599-12-31 23:59:59.0
_GSN	II	NNA	-11.9875	-76.8422	1988-06-22 00:00:00.0	2599-12-31 23:59:59.0
_GSN	II	NRIL	69.5049	88.4414	1992-12-15 00:00:00.0	2599-12-31 00:00:00.0

NAME	NET	STATION	LAT	LON	STARTTIME	ENDTIME
_GSN	IM	NV01	38.4295	−118.3037	1970-01-24 00:00:00.0	2599-12-31 23:59:59.0
_GSN	IM	NV02	38.4372	−118.3055	1970-01-24 00:00:00.0	2599-12-31 23:59:59.0
_GSN	IM	NV03	38.4278	−118.293708	1970-01-24 00:00:00.0	2599-12-31 23:59:59.0
_GSN	IM	NV04	38.4233	−118.306793	1970-01-24 00:00:00.0	2599-12-31 23:59:59.0
_GSN	IM	NV05	38.446369	−118.291259	1970-01-24 00:00:00.0	2599-12-31 23:59:59.0
_GSN	IM	NV06	38.423	−118.2743	1970-01-24 00:00:00.0	2599-12-31 23:59:59.0
_GSN	IM	NV07	38.4108	−118.294853	1970-01-24 00:00:00.0	2599-12-31 23:59:59.0
_GSN	IM	NV08	38.4042	−118.3178	1970-01-24 00:00:00.0	2599-12-31 23:59:59.0
_GSN	IM	NV09	38.435452	−118.3367	1970-01-24 00:00:00.0	2599-12-31 23:59:59.0
_GSN	IM	NV10	38.448	−118.3192	1970-01-24 00:00:00.0	2599-12-31 23:59:59.0
_GSN	IM	NV11	38.4328	−118.153	1970-01-24 00:00:00.0	2599-12-31 23:59:59.0
_GSN	IM	NV31	38.4328	−118.153	1970-01-24 00:00:00.0	2599-12-31 23:59:59.0
_GSN	IM	NV32	38.3343	−118.2995	1970-01-24 00:00:00.0	2599-12-31 23:59:59.0
_GSN	IM	NV33	38.485	−118.4183	1970-01-24 00:00:00.0	2599-12-31 23:59:59.0
_GSN	II	NVS	54.8404	83.2346	1992-07-15 00:00:00.0	1994-02-16 00:00:00.0
_GSN	IU	NWAO	−32.9277	117.239	1991-11-25 00:00:00.0	2599-12-31 23:59:59.0
_GSN	II	OBN	55.1146	36.5674	1988-09-14 00:00:00.0	2599-12-31 23:59:59.0
_GSN	IU	OTAV	0.2346	−78.4508	2000-09-07 00:00:00.0	2599-12-31 23:59:59.0
_GSN	IU	PAB	39.5446	−4.3499	1992-10-20 00:00:00.0	2599-12-31 23:59:59.0
_GSN	II	PALK	7.2728	80.7022	2000-08-22 00:00:00.0	2599-12-31 23:59:59.0
_GSN	TS	PAS	34.14844	−118.17117	1988-04-04 00:00:00.0	2006-01-02 00:00:00.0
_GSN	CI	PASC	34.17141	−118.18523	2006-10-05 00:00:00.0	2599-12-31 23:59:59.0
_GSN	IU	PAYG	−0.6742	−90.2861	1998-06-19 00:00:00.0	2599-12-31 23:59:59.0
_GSN	IM	PD01	42.776501	−109.583198	1970-01-24 00:00:00.0	2599-12-31 23:59:59.0
_GSN	IM	PD02	42.778198	−109.566398	1970-01-24 00:00:00.0	2599-12-31 23:59:59.0
_GSN	IM	PD03	42.775902	−109.549598	1970-01-24 00:00:00.0	2599-12-31 23:59:59.0
_GSN	IM	PD04	42.765999	−109.574401	1970-01-24 00:00:00.0	2599-12-31 23:59:59.0
_GSN	IM	PD05	42.770401	−109.566596	1970-01-24 00:00:00.0	2599-12-31 23:59:59.0
_GSN	IM	PD06	42.766701	−109.558296	1970-01-24 00:00:00.0	2599-12-31 23:59:59.0
_GSN	IM	PD07	42.770401	−109.544502	1970-01-24 00:00:00.0	2599-12-31 23:59:59.0
_GSN	IM	PD08	42.7589	−109.583602	1970-01-24 00:00:00.0	2599-12-31 23:59:59.0
_GSN	IM	PD09	42.761799	−109.567199	1970-01-24 00:00:00.0	2599-12-31 23:59:59.0

NAME	NET	STATION	LAT	LON	STARTTIME	ENDTIME
_GSN	IM	PD10	42.759499	-109.556999	1970-01-24 00:00:00.0	2599-12-31 23:59:59.0
_GSN	IM	PD11	42.752602	-109.576896	1970-01-24 00:00:00.0	2599-12-31 23:59:59.0
_GSN	IM	PD12	42.7551	-109.563102	1970-01-24 00:00:00.0	2599-12-31 23:59:59.0
_GSN	IM	PD13	42.7551	-109.549697	1970-01-24 00:00:00.0	2599-12-31 23:59:59.0
_GSN	IM	PD31	42.7672	-109.558097	1970-01-24 00:00:00.0	2599-12-31 23:59:59.0
_GSN	IM	PD32	42.766998	-109.558197	1970-01-24 00:00:00.0	2599-12-31 23:59:59.0
_GSN	IU	PET	53.0233	158.6499	1993-08-28 00:00:00.0	2599-12-31 23:59:59.0
_GSN	II	PFO	33.6092	-116.4553	1986-10-24 00:00:00.0	2599-12-31 23:59:59.0
_GSN	II	PFO	33.6107	-116.4555	1986-10-24 00:00:00.0	2599-12-31 23:59:59.0
_GSN	IU	PMG	-9.4047	147.1597	1993-09-10 00:00:00.0	2599-12-31 23:59:59.0
_GSN	IU	PMSA	-64.7744	-64.0489	1993-03-03 00:00:00.0	2599-12-31 23:59:59.0
_GSN	IU	POHA	19.7573	-155.5326	1999-11-13 00:00:00.0	2599-12-31 23:59:59.0
_GSN	IU	PTCN	-25.0713	-130.0953	1996-12-29 00:00:00.0	2599-12-31 23:59:59.0
_GSN	IU	PTGA	-0.7308	-59.9666	1995-11-15 00:00:00.0	2599-12-31 00:00:00.0
_GSN	IC	QIZ	19.0291	109.8445	2001-02-18 00:00:00.0	2599-12-31 23:59:59.0
_GSN	IU	QSPA	-89.9289	144.4382	2002-12-29 00:00:00.0	2599-12-31 23:59:59.0
_GSN	IU	RAO	-29.245	-177.929	2004-07-18 00:00:00.0	2599-12-31 23:59:59.0
_GSN	IU	RAR	-21.2125	-159.7733	1992-03-07 00:00:00.0	2599-12-31 23:59:59.0
_GSN	II	RAYN	23.5225	45.5032	1996-01-01 00:00:00.0	2599-12-31 23:59:59.0
_GSN	IU	RCBR	-5.8274	-35.9014	1999-03-01 00:00:00.0	2599-12-31 23:59:59.0
_GSN	II	RPN	-27.1267	-109.3344	1987-06-15 00:00:00.0	2599-12-31 23:59:59.0
_GSN	IU	RSSD	44.1212	-104.0359	1999-09-24 00:00:00.0	2599-12-31 23:59:59.0
_GSN	II	SACV	14.9702	-23.6085	2000-05-29 00:00:00.0	2599-12-31 23:59:59.0
_GSN	IU	SAML	-8.9489	-63.1831	2003-05-05 00:00:00.0	2599-12-31 23:59:59.0
_GSN	IU	SBA	-77.8492	166.7572	1998-10-28 00:00:00.0	2599-12-31 23:59:59.0
_GSN	CU	SDDR	18.9821	-71.2878	2006-08-30 00:00:00.0	2599-12-31 23:59:59.0
_GSN	IU	SDV	8.8839	-70.634	1994-08-19 00:00:00.0	2599-12-31 23:59:59.0
_GSN	IU	SEO	37.5667	126.9667	1994-11-26 00:00:00.0	1995-07-04 00:00:00.0
_GSN	IU	SFJ	66.9967	-50.6156	1996-03-21 00:00:00.0	2005-01-31 16:00:00.0
_GSN	IU	SFJD	66.995999	-50.6215	2005-01-31 16:00:00.0	2599-12-31 23:59:59.0
_GSN	II	SHEL	-15.9588	-5.7457	1995-06-19 00:00:00.0	2599-12-31 23:59:59.0
_GSN	IU	SJG	18.1091	-66.15	1993-05-26 00:00:00.0	2599-12-31 23:59:59.0

NAME	NET	STATION	LAT	LON	STARTTIME	ENDTIME
_GSN	IU	SLBS	23.6858	-109.9443	2008-12-19 00:00:00.0	2599-12-31 23:59:59.0
_GSN	IU	SNZO	-41.3087	174.7043	1992-04-07 00:00:00.0	2599-12-31 23:59:59.0
_GSN	IU	SPA	-90	0	1991-12-18 00:00:00.0	2004-01-08 00:00:00.0
_GSN	IU	SPA	-89.9954	115	1991-12-18 00:00:00.0	2004-01-08 00:00:00.0
_GSN	IC	SSE	31.0948	121.1908	1996-09-19 00:00:00.0	2599-12-31 23:59:59.0
_GSN	IU	SSPA	40.6358	-77.8876	1994-12-01 00:00:00.0	2599-12-31 23:59:59.0
_GSN	II	SUR	-32.3797	20.8117	1990-10-30 00:00:00.0	2599-12-31 23:59:59.0
_GSN	IU	TARA	1.3549	172.9229	2007-01-01 00:00:00.0	2599-12-31 23:59:59.0
_GSN	IU	TATO	24.9735	121.4971	1992-09-26 00:00:00.0	2599-12-31 23:59:59.0
_GSN	II	TAU	-42.9099	147.3204	1994-01-17 00:00:00.0	2599-12-31 23:59:59.0
_GSN	IU	TBT	28.6794	-17.9145	1993-03-17 00:00:00.0	1996-08-22 00:00:00.0
_GSN	IU	TEIG	20.2263	-88.2763	1996-11-01 00:00:00.0	2599-12-31 23:59:59.0
_GSN	CU	TGUH	14.057	-87.273	2006-09-20 22:59:00.0	2599-12-31 23:59:59.0
_GSN	IU	TIXI	71.6341	128.8667	1995-08-15 00:00:00.0	2599-12-31 23:59:59.0
_GSN	II	TLY	51.6807	103.6438	1990-10-12 00:00:00.0	2599-12-31 23:59:59.0
_GSN	IU	TOL	39.8814	-4.048499	1991-08-09 00:00:00.0	1992-10-01 00:00:00.0
_GSN	IU	TRIS	-37.0681	-12.3152	2004-03-03 00:00:00.0	2599-12-31 23:59:59.0
_GSN	IU	TRQA	-38.0568	-61.9787	2000-10-28 00:00:00.0	2599-12-31 23:59:59.0
_GSN	IU	TSUM	-19.2022	17.5838	1994-08-19 00:00:00.0	2599-12-31 23:59:59.0
_GSN	IU	TUC	32.3098	-110.7847	1992-06-13 00:00:00.0	2599-12-31 23:59:59.0
_GSN	IM	TX01	29.333799	-103.666999	1970-01-24 00:00:00.0	2599-12-31 23:59:59.0
_GSN	IM	TX02	29.3297	-103.657501	1970-01-24 00:00:00.0	2599-12-31 23:59:59.0
_GSN	IM	TX03	29.330999	-103.674003	1970-01-24 00:00:00.0	2599-12-31 23:59:59.0
_GSN	IM	TX04	29.339701	-103.667198	1970-01-24 00:00:00.0	2599-12-31 23:59:59.0
_GSN	IM	TX06	29.318701	-103.681503	1970-01-24 00:00:00.0	2599-12-31 23:59:59.0
_GSN	IM	TX07	29.339701	-103.689002	1970-01-24 00:00:00.0	2599-12-31 23:59:59.0
_GSN	IM	TX08	29.351	-103.676498	1970-01-24 00:00:00.0	2599-12-31 23:59:59.0
_GSN	IM	TX09	29.3433	-103.659797	1970-01-24 00:00:00.0	2599-12-31 23:59:59.0
_GSN	IM	TX10	29.3307	-103.702499	1970-01-24 00:00:00.0	2599-12-31 23:59:59.0
_GSN	IM	TX11	29.3342	-103.6678	1970-01-24 00:00:00.0	2599-12-31 23:59:59.0
_GSN	IM	TX31	29.3342	-103.6678	1970-01-24 00:00:00.0	2599-12-31 23:59:59.0
_GSN	IM	TX32	29.333799	-103.666999	1970-01-24 00:00:00.0	2599-12-31 23:59:59.0

续表

NAME	NET	STATION	LAT	LON	STARTTIME	ENDTIME
_GSN	IU	ULN	47.8651	107.0532	1994-10-31 00:00:00.0	2599-12-31 23:59:59.0
_GSN	GT	VNDA	-77.51724	161.85282	1993-12-28 00:00:00.0	2599-12-31 23:59:59.0
_GSN	IU	WAKE	19.2834	166.652	1997-05-06 00:00:00.0	2599-12-31 23:59:59.0
_GSN	IU	WCI	38.2289	-86.2939	1997-07-17 00:00:00.0	2599-12-31 23:59:59.0
_GSN	IC	WMQ	43.8138	87.7049	1995-09-23 00:00:00.0	2599-12-31 23:59:59.0
_GSN	II	WRAB	-19.9336	134.36	1994-03-27 00:00:00.0	2599-12-31 23:59:59.0
_GSN	IU	WVT	36.1297	-87.83	1997-04-16 00:00:00.0	2599-12-31 23:59:59.0
_GSN	IC	XAN	34.0313	108.9237	1992-11-29 00:00:00.0	2599-12-31 23:59:59.0
_GSN	IU	XMAS	2.0448	-157.4457	1997-08-22 00:00:00.0	2599-12-31 23:59:59.0
_GSN	IU	YAK	62.031	129.6805	1993-08-31 00:00:00.0	2599-12-31 23:59:59.0
_GSN	IU	YSS	46.9587	142.7604	1992-05-31 00:00:00.0	2599-12-31 23:59:59.0

主要参考文献

1. http://www.iris.edu.
2. http://www.csndmc.ac.cn.
3. http://www.iris.edu/manuals/sac/SAC_Manuals/
4. IRIS. The IRIS Proposal, July 1, 2006—June 30, 2011.
5. IRIS-2000. A Science Facility for Studing the Dynamics of the Solid Earth. Section III: Programs and Implementation Plans 35-47, Aug. 1995.
6. Peter Bormann, New Manual of Seismological Observatory Practice, GeoForschungsZentrum Potsdam, 2002.
7. Jack Tackett Jr., David Gunter 著, 万华, 李建森, 何江华 等译. Linux 大全（第三版）. 北京：电子工业出版社. 1999.
8. Linux 指令大全（1）. http://Linux 大本营.
9. 陈培善. 地震震级的综合评述 [J]. 地震地磁观测与研究, 3（3）：14-19. 1982.
10. 陈运泰, 吴忠良, 王培德等. 数字地震学 [M]. 北京：地震出版社. 2000.
11. 郭燕平, 邹立晔, 张德存. 中国数字地震台网实时数据处理软件 [J]. 地震地磁观测与研究, V. 23：44-49. 2002.
12. 梁建宏, 杨辉, 邹立晔, 代光辉. IRIS DMC 的数据服务, 国际地震动态 V. 1335：29-34. 2006.
13. 王红. 中国数字地震台网（CDSN）数据通信走过的历程 [J]. 防灾科技学院学报, V. 10：68-70. 2008.
14. 魏永明, 杨飞月, 吴漠霖编著. Linux 实用教程. 北京：电子工业出版社. 1999.
15. 周公威, 陈运泰, 吴忠良等. USGS/ASL 对观测地震学的贡献 [J]. 国际地震动态, 338（2）：1-10. 2007.
16. 周公威, 陈运泰, 吴忠良. 中国数字地震台网的数据在中国地震研究中的应用 [J]. 地震地磁观测与研究, 18（5）：68-79. 1997.
17. 周公威, 赖德伦, 姚立平. 中国数字地震台网（CDSN）及其二期技术改造. 见地球与空间科学观测技术进展 [M]. 北京：地震出版社, 68-73. 1995.
18. 周公威, 张伯明, 吴忠良. 中国数字地震台网的现状和近期发展 [J]. 地震学报, 27（1）：109-116. 2005.
19. 周公威, 张伯明, 吴忠良, 万永革, 黄文辉. 中国数字地震台网（CDSN）的近期发展, 地球物理学报, v. 22：1130-1134. 2007.
20. 朱文林, 姚立平, 杜安陆等编译. 数字地形波形分析. 北京：测绘出版社. 1996.
21. 朱文林, 吴忠良, 张德存. 远程访问数据的方法. 地展地磁观测与研究, V. 17：68-76. 1996.

22. 邹立晔，郭燕平，张德存. 中国数字地震台网数据管理中心日常软件升级和应用[J]. 地震地磁观测与研究, 19（3）：58-69.1998.
23. 邹立晔，郭燕平，张德存. 中国数字地震台网数据管理中心 Y2K 问题的解决方法及 get data new 软件 [J]. 地震地磁观测与研究, 21（5）：43-51.2000.